"十二五"职业教育国家规划教材
经全国职业教育教材审定委员会审定

职业教育
数字媒体应用人才培养系列教材

计算机图形图像处理

Photoshop

项目教程

Photoshop CC 2018

段睿光 朱渤 陆平 徐微 / 主编

人民邮电出版社
北 京

图书在版编目（CIP）数据

计算机图形图像处理 ：Photoshop项目教程 ：Photoshop CC 2018 / 段睿光等主编. -- 北京 ：人民邮电出版社，2022.9（2023.12重印）
职业教育数字媒体应用人才培养系列教材
ISBN 978-7-115-59325-2

Ⅰ. ①计… Ⅱ. ①段… Ⅲ. ①图像处理软件—职业教育—教材 Ⅳ. ①TP391.413

中国版本图书馆CIP数据核字(2022)第135568号

内 容 提 要

本书包括 Photoshop CC 2018 的基本操作，选区和移动工具的应用，填充工具、绘画工具、修复工具和图章工具的应用，路径和矢量图形工具的应用，文字工具的应用，其他工具的应用，图层的应用，蒙版和通道的应用，图像颜色的调整，滤镜的应用及综合案例 11 个项目。

本书采用项目教学法，项目一至项目十按照"任务—项目实训—项目拓展—习题"的体例结构编写，通过对具体任务与实训的讲解，学生不仅可以掌握软件的基本功能，还可以提高实际操作能力；项目十一是综合案例，是对全书知识的综合应用，学生可以巩固所学，开拓思维。

本书适合作为高等职业院校"图形图像处理"课程的教材，也可作为 Photoshop 爱好者的自学参考书。

- ◆ 主　编　段睿光　朱　渤　陆　平　徐　微
　　责任编辑　王亚娜
　　责任印制　王　郁　焦志炜
- ◆ 人民邮电出版社出版发行　　北京市丰台区成寿寺路 11 号
　　邮编　100164　电子邮件　315@ptpress.com.cn
　　网址　https://www.ptpress.com.cn
　　三河市兴达印务有限公司印刷
- ◆ 开本：787×1092　1/16
　　印张：15　　　　　　　　　　2022 年 9 月第 1 版
　　字数：423 千字　　　　　　　 2023 年 12 月河北第 3 次印刷

定价：59.80 元

读者服务热线：(010)81055256　印装质量热线：(010)81055316
反盗版热线：(010)81055315
广告经营许可证：京东市监广登字 20170147 号

前　言　　　　　　　　　　　PREFACE

本书全面贯彻党的二十大精神，以社会主义核心价值观为引领，传承中华优秀传统文化，坚定文化自信，使内容更好体现时代性、把握规律性、富于创造性。

教学方法

本书以基本功能讲解和列举典型实例制作的形式，详细介绍 Photoshop CC 2018 的使用方法和技巧。在讲解软件基本功能时，本书对常用的功能选项和参数设置进行细致的介绍，同时安排实例进行制作，使读者融会贯通、学以致用。书中的每个案例都给出了详细的操作步骤及操作视频，读者只要根据提示操作即可完成，轻松掌握 Photoshop CC 2018 的使用方法。

除最后一个项目外，本书的每个项目还配有项目实训和项目拓展，用于提高读者的实际操作能力。每个项目的最后都提供习题。通过练习，读者可巩固所学内容，熟练操作。

教学内容

本书包括 11 个项目，具体内容如下。

- **项目一**：介绍 Photoshop CC 2018 的界面及图像文件的基本操作。
- **项目二**：介绍图像的各种选择技巧及移动工具的应用。
- **项目三**：介绍填充工具、绘画工具、修复工具和图章工具的使用方法和应用技巧。
- **项目四**：介绍路径工具和矢量图形工具的功能及使用方法。
- **项目五**：介绍文字的输入与编辑方法，以及文字的转换和沿路径排列等操作。
- **项目六**：介绍裁剪、擦除、切片等辅助工具的应用。
- **项目七**：介绍图层的概念、功能及使用方法。
- **项目八**：介绍蒙版和通道的概念及使用方法。
- **项目九**：介绍图像颜色的调整命令及使用方法。

前　言

- 项目十：介绍各种滤镜效果命令及其应用。
- 项目十一：各种命令工具和滤镜效果的综合运用。

 教学资源

为了方便读者学习，本书提供相关素材、效果文件、微课视频、PPT 课件、教学大纲等教学资源，读者可以从人邮教育社区（www.ryjiaoyu.com）免费下载。

本书由段睿光、朱渤、陆平、徐微任主编，参加本书编写工作的还有李晓伟、郭晓宇、耿英东等。

由于编者水平有限，书中难免存在疏漏与不足，敬请广大读者批评指正，以期不断修订、完善。

编者

2023 年 5 月

目 录

C O N T E N T S

目　录

目 录

扩展知识扫码阅读

设计基础知识

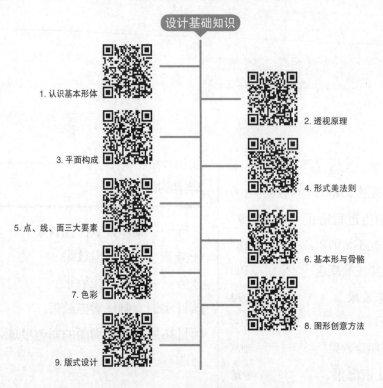

1. 认识基本形体
2. 透视原理
3. 平面构成
4. 形式美法则
5. 点、线、面三大要素
6. 基本形与骨骼
7. 色彩
8. 图形创意方法
9. 版式设计

设计应用知识

1. 图标设计
   - 图标的概念
   - 图标的设计流程
   - 图标的设计原则
   - 图标的设计规范
   - 图标的风格类型

2. App 界面设计
   - App 的概念
   - App 设计的流程
   - App 设计的原则
   - iOS 系统设计规范
   - Android 设计规范
   - App 常用界面类型

3. 招贴广告设计

4. 电商网店设计
   - Photoshop 在电商中的应用
   - 淘宝店铺各模块图片尺寸及具体要求
   - 网店首页各元素的设计
   - 商品详情页面各元素设计

5. 书籍设计

6. 包装设计

7. 网页设计

项目一
Photoshop CC 2018 的基本操作

01

Photoshop CC 2018 作为专业的图像处理软件，可以帮助用户提高工作效率，尝试新的创作方式，以及制作适用于打印、Web 图形和其他用途的图像。用户使用它便捷的文件数据访问、流线型的 Web 设计、更快的专业品质照片润饰等功能，可以创造出精彩的影像世界。

本项目主要介绍 Photoshop CC 2018 的基础知识，包括 Photoshop CC 2018 的启动和退出，工作界面，软件窗口的大小调整，面板的显示、隐藏、拆分和组合，图像文件的新建、打开、存储、颜色设置，图像的缩放显示等；在相应的案例中，还将介绍计算机图像技术的基本概念，包括文件存储格式、图像颜色模式、矢量图与位图、像素与分辨率等。这些知识点都是学习 Photoshop CC 2018 最基本、最重要的内容。

知识技能目标

- 掌握 Photoshop CC 2018 的启动和退出方法；
- 了解 Photoshop CC 2018 的工作界面；
- 掌握软件窗口大小的调整方法；
- 掌握面板的显示、隐藏、拆分和组合方法；
- 掌握图像文件的新建、打开与存储方法；
- 掌握图像文件的颜色设置及填充方法；
- 掌握控制图像缩放显示的方法。

任务一 启动和退出 Photoshop CC 2018

要学习软件，首先要掌握软件的启动和退出方法。本任务主要介绍 Photoshop CC 2018 的启动和退出方法。

（一）启动 Photoshop CC 2018

首先确认计算机中已经安装了 Photoshop CC 2018 中文版。启动该软件的具体操作如下。

（1）启动计算机，进入 Windows 界面。

（2）单击 Windows 界面左下角的"开始"按钮，在弹出的"开始"菜单中执行"所有程序"/"Adobe Photoshop CC 2018"命令；也可以双击桌面上的图标。

（3）稍等片刻，即可启动 Photoshop CC 2018，进入工作界面。

（二）退出 Photoshop CC 2018

退出 Photoshop CC 2018 主要有以下 3 种方法。

• Photoshop CC 2018 工作界面的右上角有一组控制按钮，单击 ✕ 按钮，即可退出 Photoshop CC 2018。

• 执行"文件"/"退出"命令。

• 按 Ctrl+Q 组合键或 Alt+F4 组合键退出。注意，按 Alt+F4 组合键不但可以退出 Photoshop CC 2018，再次按该组合键还可以关闭计算机。

知识
提示

退出 Photoshop CC 2018 时，系统会关闭所有打开的文件。如果打开的文件编辑后或新建的文件没保存，系统会给出提示，让用户决定是否保存。

任务二 了解 Photoshop CC 2018 的工作界面

本任务介绍 Photoshop CC 2018 的工作界面。启动 Photoshop CC 2018 后，默认的工作界面颜色为暗灰色，如果用户不喜欢这种颜色，可以利用 Photoshop CC 2018 的菜单命令对工作界面的颜色进行修改。

（一）改变工作界面外观

改变工作界面外观的具体操作如下。

（1）执行"编辑"/"首选项"/"界面"命令，弹出图 1-1 所示的"首选项"对话框的"界面"界面。

（2）单击对话框中"颜色方案"选项

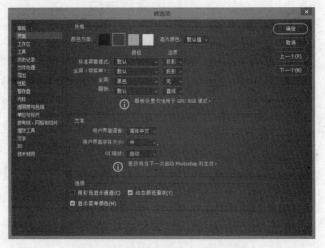

图 1-1 "首选项"对话框的"界面"界面

右侧的色块，工作界面的颜色即可改变为所选颜色，如图 1-2 所示。

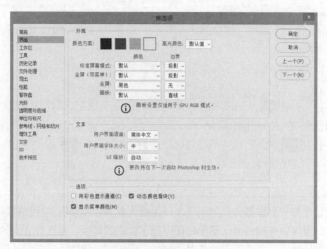

图1-2 "颜色方案"设置

（3）单击 确定 按钮，退出"首选项"对话框。

另外，还可以利用快捷键来修改工作界面的外观，按 Shift+F2 组合键和 Shift+F1 组合键可在各颜色方案之间进行切换。

（二）认识 Photoshop CC 2018 的工作界面

在 Photoshop CC 2018 中打开一幅图像，工作界面布局如图 1-3 所示。

图1-3 工作界面布局

Photoshop CC 2018 的工作界面按其功能可分为菜单栏、属性栏、工具箱、面板、文件窗口（工作区）、文件名称选项卡和状态栏等部分。

1. 菜单栏

菜单栏中包括"文件""编辑""图像""图层""文字""选择""滤镜""3D""视图""窗口""帮助"11 个菜单。单击任意一个菜单，将会弹出相应的下拉菜单，其中包含若干个命令，选择任意一个命令即可实现相应的操作。

菜单栏右侧有 3 个按钮，用它们可以控制工作界面的显示状态或关闭工作界面，如图 1-4 所示。

图 1-4　菜单栏右侧的按钮

- 单击"最小化"按钮，工作界面将变为最小化显示状态，显示在桌面的任务栏中。单击任务栏中的图标，可使 Photoshop CC 2018 的工作界面还原为最大化显示状态。

- 单击"还原"按钮，可使工作界面变为还原显示状态，且 按钮将变为"最大化"按钮，此时单击 按钮，可以将还原后的工作界面最大化显示。

　　　无论工作界面是最大化显示还是还原显示状态，只要将鼠标指针放置在标题栏空白位置双击，就可以完成最大化显示和还原显示状态的切换。当工作界面为还原显示状态时，将鼠标指针放置在工作界面的任意边缘处，鼠标指针将变为双向箭头形状，此时按住鼠标左键并拖曳可调整窗口的大小，将鼠标指针放置在标题栏空白区域内按住鼠标左键并拖曳，可以移动工作界面在 Windows 窗口中的位置。

- 单击"关闭"按钮，可以将当前工作界面关闭，退出 Photoshop CC 2018。

在菜单栏中单击最左侧的 Photoshop CC 2018 图标，可以在弹出的下拉菜单中执行"还原""移动""大小""最大化""最小化""关闭"等命令，如图 1-5 所示。

2. 属性栏

属性栏显示当前选择工具的参数和选项设置。在工具箱中选择不同的工具，属性栏中显示的选项和参数也不相同。在后面的项目中，会详细介绍各种工具的属性栏设置。

3. 工具箱

工具箱的默认位置为工作界面的左侧，其中包含 Photoshop CC 2018 的各种图形绘制和图像处理工具。注意，将鼠标指针放置在工具箱上方的灰色区域，按住鼠标左键并拖曳可移动工具箱。单击按钮，可以将工具箱转换为双列显示，如图 1-6 所示。

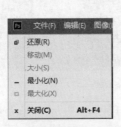

图 1-5　最左侧图标下拉菜单

图 1-6　工具箱单列显示与双列显示

移动鼠标指针，使其悬停在工具箱中的任一按钮上，该按钮将突出显示，同时鼠标指针的右下角会动态显示该工具的名称及用法，如图 1-7 所示。

单击工具箱中的工具按钮可选择对应的工具。另外，有的工具按钮的右下角带有小三角形，表示这是一个工具组，其中还有其他同类的工具。将鼠标指针放置在这样的按钮上按住鼠标左键不放或单击鼠标右键，即可将隐藏的工具显示出来，如图 1-8 所示。移动鼠标指针至展开工具组中的任意一个工具上单击，即可选择对应的工具，如图 1-9 所示。

  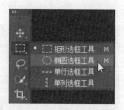

图 1-7　显示工具的名称及用法　　图 1-8　显示隐藏的工具　　图 1-9　选择工具

工具箱包含的所有工具如图 1-10 所示。

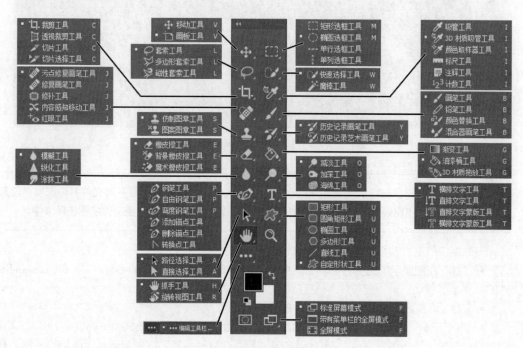

图 1-10　工具箱包含的所有工具

4. 面板

Photoshop CC 2018 提供了多种面板，利用这些面板可以对当前图像的色彩、大小、样式等进行设置和控制。

5. 文件窗口（工作区）

Photoshop CC 2018 的文件窗口（工作区）中允许同时打开多个图像窗口，每创建或打开一个图像文件，工作区中就会增加一个图像窗口，打开多个图像文件时，文件名称选项卡如图 1-11所示。

蔬果.jpg @ 100%(RGB/8) ×   火烈鸟.jpg @ 100%(RGB/8#) ×

图 1-11　打开的图像文件

　　单击其中一个文档的名称，即可将此文件设置为当前操作文件，另外，按 Ctrl+Tab 组合键，可按顺序切换图像窗口；按 Shift+Ctrl+Tab 组合键，可按相反的顺序切换图像窗口。

　　将鼠标指针放置到图像窗口的名称处按住鼠标左键并拖动，可使图像窗口以独立的形式显示，如图 1-12 所示。此时，按住鼠标左键拖动窗口的边线可调整图像窗口的大小；在标题栏中按住鼠标左键并拖动，可调整图像窗口在工作界面中的位置。

图 1-12　以独立形式显示的图像窗口

知识
提示

　　将鼠标指针放置到浮动窗口的标题栏中，按住鼠标左键并向文件名称选项卡位置拖动，当出现蓝色的边框时释放鼠标左键，即可将浮动窗口放到文件名称选项卡中。

　　图像窗口最上方的标题栏显示当前文件的名称和文件类型。

　　●　"@" 左侧显示的是文件名称。其中 "." 左侧是当前图像文件的名称，"." 右侧是当前图像文件的扩展名。

　　●　"@" 右侧显示的是当前图像文件的显示百分比。

　　●　对于只有 "背景" 图层的图像，括号内显示当前图像的颜色模式和位深度（8 位或 16 位）。如果当前图像是个多图层文件，则在括号内将以 "," 分隔。"," 左侧显示当前图层的名称，右侧显示当前图像的颜色模式和位深度。

　　例如标题栏中显示 "火烈鸟.jpg@100%（RGB/8#）"，就表示当前打开的文件是一个名为 "火烈鸟" 的 JPG 格式图像文件，该图像以 100% 比例显示，颜色模式为 RGB 模式，位深度为 8 位。

　　●　图像窗口标题栏的右侧有 3 个按钮，与工作界面菜单栏右侧的按钮功能相同，只是工作界面中的按钮用于控制整个软件，此处的按钮仅用于控制当前的图像窗口。

　　当图像窗口都以独立的形式显示时，后面显示的大片灰色区域即工作区。工具箱、各面板和图像窗口等都在工作区内。在实际工作过程中，为了有较大的空间显示图像，经常会将不用的面板隐藏，以便将其所占的工作区用于图像窗口的显示。

按 Tab 键，可将属性栏、工具箱和面板同时隐藏；再次按 Tab 键，可以将它们重新显示出来。

6. 状态栏

状态栏位于界面的底部，显示图像的当前显示比例和文件大小等信息。在比例文本框中输入相应的数值，可以直接修改图像的显示比例，且文件大小不变，如图 1-13 所示。单击文件信息右侧的 $\rangle$ 按钮，弹出"文件信息"菜单，该菜单用于设置状态栏中显示的具体信息，如图 1-14 所示。

图 1-13　图像显示比例

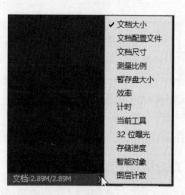

图 1-14　"文件信息"菜单

（三）调整软件窗口的显示

当需要多个软件配合使用时，调整软件窗口的显示可以方便操作，具体操作如下。

（1）在 Photoshop CC 2018 标题栏右上角单击 ▬ 按钮，可以使工作界面最小化显示，其最小化图标会显示在 Windows 系统的任务栏中，图标如图 1-15 所示。

（2）在 Windows 系统的任务栏中单击最小化后的图标，Photoshop CC 2018 工作界面还原为最大化显示。

（3）在 Photoshop CC 2018 标题栏右上角单击 ▣ 按钮，可以使工作界面变为还原状态。还原后，工作界面右上角的 3 个按钮变为图 1-16 所示的样式。

图 1-15　最小化图标　　　　图 1-16　还原后的按钮样式

（4）当 Photoshop CC 2018 工作界面显示为还原状态时，单击 ▫ 按钮，可以将还原后的工作界面最大化显示。

（5）单击 ✕ 按钮，可以将工作界面关闭，退出 Photoshop CC 2018。

（四）面板的显示与隐藏

在图像处理工作中，为了操作方便，经常需要调出某个面板、调整工作区中部分面板的位置或将其隐藏等。熟练掌握对面板的操作，可以有效地提高工作效率。具体操作如下。

（1）展开"窗口"菜单，该菜单中包含 Photoshop CC 2018 的所有面板，如图 1-17 所示。

在"窗口"菜单中，左侧带有 ✔ 符号表示该面板已在工作区中显示，左侧不带 ✔ 符号表示该面板未在工作区中显示。

（2）选择不带 ✔ 符号的命令可使该面板在工作区中显示，同时该命令左侧显示 ✔ 符号；选择带有 ✔ 符号的命令则可以将显示的面板隐藏，同时该命令左侧 ✔ 符号消失。

反复按 Shift+Tab 组合键，可以将工作界面中的所有面板在隐藏和显示之间切换。

（3）每一组面板都至少有两个选项卡。例如，"颜色"面板组件包含"颜色"和"色板"两个选项卡，单击"色板"选项卡，即可显示"色板"面板，这样可以快速地选择和使用需要的面板。

图 1-17　窗口菜单

（五）面板的拆分与组合

为了使用方便，以组的形式显示的面板可以重新排列，包括向组中添加面板或从组中移出指定的面板，具体操作如下。

（1）将鼠标指针移动到需要分离出来的面板选项卡上，按住鼠标左键并向工作区中拖曳选项卡，如图 1-18 所示。

（2）释放鼠标左键，即可将该控制面板从面板组中分离出来，如图 1-19 所示。

图 1-18　拆分面板

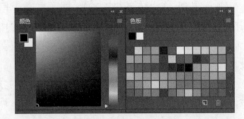

图 1-19　分离出来的面板

将面板分离为单独的面板后，面板的右上角将显示 ◄◄ 和 ✕ 按钮。单击 ◄◄ 按钮，可以将面板折叠，并以图标的形式显示；单击 ✕ 按钮，可以将面板关闭。

将面板分离出来后，还可以将它们重新组合成组。

（3）将鼠标指针移动到分离出的"颜色"面板选项卡上，按住鼠标左键并向"属性"面板组名称右侧的灰色区域拖曳，如图 1-20 所示。

（4）当出现图 1-21 所示的蓝色边框时释放鼠标左键，即可将"颜色"面板和"属性"面板组合成组，如图 1-22 所示。

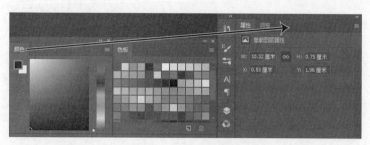

图1-20　拖曳鼠标指针

图1-21　出现的蓝色边框

图1-22　组合后的效果

 知识
提示

默认面板的左侧有一些按钮，单击相应的按钮可以打开相应的面板；单击默认面板右上角的双箭头 ▶▶ ，可以将面板隐藏，只显示按钮图标，这样可以留出更大的绘图区域。

任务三　图像文件的基本操作

下面简要介绍 Photoshop CC 2018 的新建文件、打开文件及存储文件等基本操作。

（一）新建文件

在讲解新建文件之前，本任务先介绍位图和矢量图的区别，以及像素和分辨率的概念。用户了解这些知识，有助于在新建文件时对各选项进行设置。

1. 位图和矢量图

（1）位图（Bitmap）也叫作栅格图像，由很多像素组成，比较适合表现细腻、轻柔、缥缈等特殊效果，Photoshop CC 2018 生成的图像一般是位图。位图图像放大到一定的倍数后，看到的便是一个个方形的色块，整体图像也会变得模糊、粗糙，如图 1-23 所示。

（2）矢量图（Vectorgraph）又称为向量图形，由线条和图块组成，适合表现色彩较为单纯的色块或文字，Illustrator、PageMaker、FreeHand、CorelDRAW 等绘图软件创建的图形都是矢量图。当对矢量图进行放大后，图形仍能保持原来的清晰度，且色彩不失真，如图 1-24 所示。

图1-23　不同放大倍数下位图的显示效果

图1-24　不同放大倍数下矢量图的显示效果

2. 像素与分辨率

像素与分辨率是 Photoshop CC 2018 中常用的两个概念，它们决定了文件的大小及图像的质量。

- 像素：像素（Pixel）是构成图像的最小单位，位图中的一个色块就是一个像素，且一个像素只显示一种颜色。
- 分辨率：分辨率（Resolution）是指单位面积内图像所包含像素的数目，通常用"像素/英寸"和"像素/厘米"表示。

在图像尺寸相同的情况下，分辨率越高，图像越细腻、清晰，文件越大，印刷打印速度越慢。

> **知识提示**
>
> 修改图像的分辨率可以改变图像的精细程度。对于较低分辨率的图像，用 Photoshop CC 2018 提高图像的分辨率只能提高每单位图像中的像素数量，却不能提高图像的品质。

在工作之前建立一个大小合适的文件至关重要，除尺寸设置要合理外，分辨率的设置也要合理。设置图像分辨率时，应考虑图像最终发布的媒介，通常对于一些有特别用途的图像，分辨率有一些基本的标准。

- Photoshop CC 2018 默认分辨率为 72 像素/英寸，这是普通显示器常用的分辨率。
- 在计算机、手机等设备上查看的网页、电子杂志、PPT 等，图像分辨率通常设置为 72 像素/英寸或 96 像素/英寸。
- 用于小型灯箱、橱窗、展架等展示的图像，图像分辨率通常设置为 120 像素/英寸或 150 像素/英寸。
- 彩版印刷的画册、海报、包装、宣传单等，图像分辨率通常设置为 300 像素/英寸。
- 大型户外广告、背景板广告等，图像分辨率一般不低于 30 像素/英寸。

以上提供的这些分辨率数值只是通常情况下使用的数值，用户在作图时要根据实际情况灵活运用。

下面执行"文件"/"新建"命令新建文件，具体操作如下。

（1）执行"文件"/"新建"命令，弹出"新建文档"对话框，单击"高级选项"左侧的 ⌄ 按钮，对话框将增加高级选项显示，如图 1-25 所示。

图 1-25 "新建文档"对话框

除执行"文件"/"新建"命令外，还可按 Ctrl+N 组合键打开"新建文档"对话框。

（2）在右侧"预设详细信息"的文件名称文本框中输入文件名称"新建文件练习"。

（3）如果"宽度"和"高度"文本框右侧的单位不是厘米，可展开宽度数值右侧的下拉列表，选择"厘米"选项，将"宽度"和"高度"分别设置为 25 和 20，设置"分辨率"为 72 像素/英寸。

（4）将"颜色模式"设置为 RGB 颜色，8 位，"背景内容"设置为白色。设置各选项及参数后的"新建文档"对话框如图 1-26 所示。

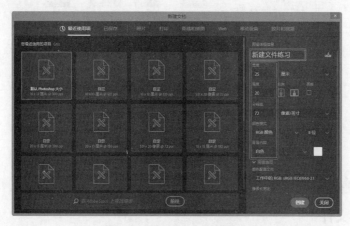

图 1-26 "新建文档"对话框设置

（5）单击 创建 按钮，即可按照设置的选项及参数创建一个新的文件，如图 1-27 所示。

图 1-27 新建的文件

（二）打开文件

执行"文件"/"打开"命令或按 Ctrl+O 组合键，弹出"打开"对话框，利用此对话框可以打开计算机中存储的 PSD、BMP、TIFF、JPEG、TGA 和 PNG 等格式的图像文件。在打开图像文件之前，首先要知道文件的名称、格式和存储路径，这样才能顺利地打开文件。

下面执行"文件"/"打开"命令打开素材文件中的"风景画.jpg"文件，具体操作如下。

（1）执行"文件"/"打开"命令，弹出"打开"对话框。

（2）单击左侧"计算机"图标，在展开的下拉列表中选择文件存放的盘符。

（3）在下方的窗口中打开"图库/项目一"文件夹。

（4）在弹出的文件窗口中，选择名为"风景画.jpg"的文件，此时的"打开"对话框如图 1-28 所示。

图 1-28 "打开"对话框

（5）单击 打开(O) 按钮，即可将选择的图像文件在工作区中打开。

（三）存储文件

在 Photoshop CC 2018 中，文件的存储主要包括"存储"和"存储为"两种方式。当新建的图像文件第一次存储时，"文件"菜单中的"存储"和"存储为"命令功能相同，都是将当前图像文件命名后存储，并且都会弹出图 1-29 所示的"另存为"对话框。

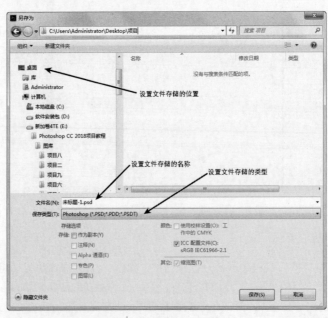

图 1-29 "另存为"对话框

将打开的图像文件编辑后再存储时，"存储"和"存储为"命令的作用就不同了。"存储"命令是在覆盖原文件的基础上直接进行存储，不弹出"另存为"对话框；而"存储为"命令会弹出"另存为"对话框，它将编辑后的文件重新命名另存储，不改变原文件。

"存储"命令的快捷键为 Ctrl+S，"存储为"命令的快捷键为 Shift+Ctrl+S。在设计过程中，一定要养成随时存盘的好习惯，以免因断电、宕机等突发情况造成不必要的数据丢失，而且保存时一定要分清应该执行"存储"命令还是"存储为"命令。

在存储文件时，需要设置文件的存储格式，Photoshop CC 2018 支持很多种图像文件格式，下面介绍几种常用的文件格式。

● PSD 格式。PSD 格式是 Photoshop 的专用格式，可以存储为 RGB 或 CMYK 颜色模式，也能对自定义颜色数据进行存储。它还可以保存图像中各图层的效果和相互关系，各图层之间相互独立，便于对单独的图层进行修改和制作各种特效。其缺点是存储的图像文件较大。

● BMP 格式。BMP 格式也是 Photoshop CC 2018 常用的图像格式，支持多种 Windows 和 OS/2 应用程序软件，支持 RGB、索引颜色、灰度和位图颜色模式的图像，但不支持 Alpha 通道。

● TIFF 格式。TIFF 格式是最常用的图像文件格式之一，它既可应用于 Mac OS 系统，也可应用于 Windows 系统。该格式文件以 RGB 全彩色模式存储，Photoshop CC 2018 可支持 24 个通道的存储。TIFF 格式是除了 PSD 格式外唯一能存储多个通道的文件格式。

● EPS 格式。EPS 格式是 Adobe 公司专门为存储矢量图形而设计的，用于在 PostScript 输出设备上打印，且可以在各软件之间进行转换。

● JPEG 格式。JPEG 格式是最常用的压缩格式之一。虽然它是一种有损失的压缩格式，但是在图像文件压缩时，可以在对话框中选择所需图像的品质，这样就有效地控制了 JPEG 格式文件在压缩时的数据损失。JPEG 格式支持 CMYK、RGB 和灰度颜色模式的图像，不支持 Alpha 通道。

● GIF 格式。GIF 格式的文件是 8 位图像文件，几乎所有的软件都支持该格式。它能存储背景透明的图像，常用于网络传输，并可以将多张图像存储成一个档案，形成动画效果。其最大的缺点是只能处理 256 种色彩。

● AI 格式。AI 格式是一种矢量图形格式。Photoshop CC 2018 可将图形文件转化为".AI"格式，便于用户在 Illustrator 或 CorelDRAW 中对图形进行颜色和形状的调整。

● PNG 格式。PNG 格式使用无损压缩方式压缩文件，支持带一个 Alpha 通道的 RGB 颜色模式、灰度模式及不带 Alpha 通道的位图模式、索引颜色模式。它产生的透明背景没有锯齿边缘，但较早版本的 Web 浏览器不支持 PNG 格式。

1. 直接保存文件

当绘制完一幅图像后，就可以将绘制的图像直接保存，具体操作如下。

（1）执行"文件"/"存储"命令，弹出"另存为"对话框。

（2）单击"另存为"对话框的左侧目录列表，选择 ■桌面 选项，单击"新建文件夹"按钮，创建一个新文件夹并重命名。

（3）双击刚创建的文件夹，将其打开，在"保存类型"下拉列表中选择 Photoshop (*.PSD;*.PDD;*.PSDT) 选项，在"文件名"文本框中输入"卡通图片"作为文件的名称，此处也可根据自己绘制的图形设置名称。

（4）单击 保存(S) 按钮，就可以保存绘制的图像了。以后按照保存的文件名称及路径就可以打开此文件。

2. 另一种存储文件的方法

对打开的图像进行编辑处理后，要再次保存时，可将其另存，具体操作如下。

（1）执行"文件"/"打开"命令，打开"图库/项目一/花.psd"文件，打开的图像与"图层"面板如图 1-30 所示。

图1-30　打开的图像与"图层"面板

（2）将鼠标指针放置在"图层"面板中图 1-31 所示的图层上。

（3）按住鼠标左键并拖动该图层到图 1-32 所示的"删除图层"按钮 🗑 上。

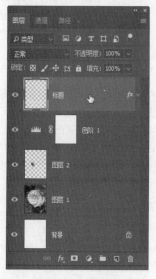

图 1-31　选择图层　　　　　　　　　图 1-32　删除图层

（4）释放鼠标左键，即可将所选图层删除。

（5）执行"文件"/"存储为"命令，弹出"存储为"对话框，在"文件名"文本框中输入"花修改"作为文件名。

（6）单击 ▭ 保存(S) 按钮，保存修改后的文件，且原文件仍保存在计算机中。

任务四 **图像文件的颜色设置**

本任务介绍图像文件的颜色设置方法。颜色设置的方法有 3 种：在"拾色器"对话框中设置颜色；在"颜色"面板中设置颜色；在"色板"面板中设置颜色。下面分别介绍。

（一）颜色设置基础知识

颜色模式是指同一属性下不同颜色的集合，它使用户在使用各种颜色进行显示、印刷及打印时，不必重新调配颜色就可以直接进行转换和应用。计算机软件系统为用户提供的每一种颜色模式都有使用范围和特点，并且各颜色模式之间可以根据处理图像的需要进行转换。

* RGB（光色）颜色模式。该颜色模式的图像由红（R）、绿（G）、蓝（B）3 种颜色构成，大多数显示器均采用此种颜色模式。
* CMYK（四色印刷）颜色模式。该颜色模式的图像由青（C）、洋红（M）、黄（Y）、黑（K）4 种颜色构成，主要用于彩色印刷。在制作印刷用文件时，最好将其保存成 TIFF 格式或 EPS 格式等印刷厂支持的文件格式。
* Lab（标准色）颜色模式。该颜色模式是 Photoshop CC 2018 中的标准颜色模式，也是由 RGB 颜色模式转换为 CMYK 颜色模式的中间模式。它的特点是在使用不同的显示器或打印设备时，所显示的颜色都是相同的。
* Grayscale（灰度）模式。该模式的图像由具有 256 级灰度的黑白色构成。一幅灰度图像在转变成 CMYK 颜色模式后可以增加色彩。但是将转换为 CMYK 颜色模式的彩色图像再转变为灰度模式，则颜色不能恢复。
* Bitmap（位图）模式。该模式的图像由黑白两色构成，图像不能使用编辑工具，只有灰度模式才能转变成 Bitmap 模式。
* Index（索引）颜色模式。该颜色模式又叫图像映射颜色模式，这种模式的像素只有 8 位，即图像只有 256 种颜色。

1. 在"颜色"面板中设置颜色

（1）执行"窗口"/"颜色"命令，将"颜色"面板显示在工作区中。若该命令前面已经有✔符号，则不执行此操作。

（2）确认"颜色"面板中的前景色块处于具有方框的选择状态，利用鼠标指针任意拖动右侧的"R""G""B"颜色滑块，即可改变前景色的颜色。

（3）将鼠标指针移动到下方的颜色条中，鼠标指针将变为吸管形状 ，在颜色条中单击，即可将单击处的颜色设置为前景色，如图 1–33 所示。

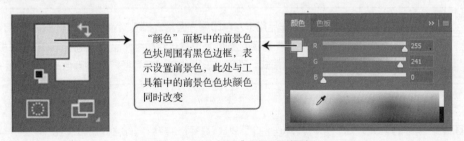

图1-33 利用"颜色"面板设置前景色

（4）在"颜色"面板中单击背景色色块，使其处于选择状态，利用设置前景色的方法即可设置背景色，如图 1–34 所示。

（5）在"颜色"面板的右上角单击 ▤ 按钮，在弹出的下拉列表中选择"CMYK 滑块"选项，"颜色"面板中的 RGB 颜色滑块即变为 CMYK 颜色滑块，如图 1-35 所示。

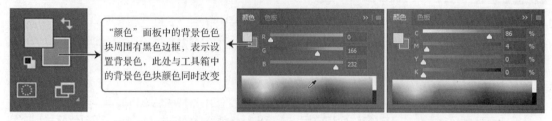

图1-34 利用"颜色"面板设置背景色   图1-35 CMYK 颜色滑块

（6）拖动"C""M""Y""K"颜色滑块，就可以用 CMYK 模式设置背景色。

2. 在"色板"面板中设置颜色

（1）在"颜色"面板中选择"色板"选项卡，显示"色板"面板。

（2）将鼠标指针移动至"色板"面板中，鼠标指针变为吸管形状。

（3）在"色板"面板中需要的颜色上单击，即可将选择的颜色设置为前景色。

（4）按住 Ctrl 键在"色板"面板中需要的颜色上单击，即可将选择的颜色设置为背景色。

3. 在"拾色器"对话框中设置颜色

（1）单击图 1-36 所示的工具箱中的前景色和背景色设置窗口，弹出图 1-37 所示的"拾色器"对话框。

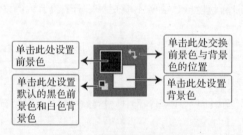

图1-36 前景色和背景色设置窗口   图1-37 "拾色器"对话框

（2）在"拾色器"对话框的颜色域或颜色条内单击，可以将单击位置的颜色设置为当前的颜色。

（3）在对话框右侧的参数设置区中选择一组选项并设置相应的参数值，也可设置需要的颜色。

在设置颜色时，若最终作品用于彩色印刷，通常选择 CMYK 颜色模式设置颜色，即通过设置"C""M""Y""K"4 种颜色的值来设置；若最终作品用于网络，即在计算机屏幕上观看，通常选择 RGB 颜色模式，即通过设置"R""G""B"3 种颜色的值来设置。

（二）颜色填充

下面介绍颜色的填充方法。Photoshop CC 2018 中有 3 种填充颜色的方法：使用菜单命令进行填充，使用快捷键进行填充，使用"油漆桶"工具 ⬚ 进行填充。

1. 利用菜单命令

执行"编辑"/"填充"命令或按 Shift+F5 组合键，弹出图 1-38 所示的"填充"对话框。

- "内容"下拉列表。单击右侧的下拉按钮，将弹出图 1-39 所示的下拉列表。在弹出的下拉列表中，选择"颜色"选项，可在弹出的"拾色器"对话框中设置颜色来填充当前的画面或选区；选择"图案"选项，对话框中的"自定图案"选项即为可用状态，单击此选项右侧的图标，可在弹出的选项面板中选择需要的图案；选择"历史记录"选项，可以将当前的图像文件恢复到图像所设置的历史记录状态或快照状态。

图 1-38 "填充"对话框

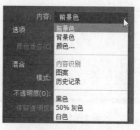

图 1-39 弹出的下拉列表

- "模式"下拉列表。在其右侧的下拉列表中可选择填充颜色或图案与其画面之间的混合形式。
- "不透明度"文本框。在其右侧的文本框中输入不同的数值可以设置填充颜色或图案的不透明度。此数值越小，填充的颜色或图案越透明。
- "保留透明区域"复选框。勾选此复选框，将锁定当前图层的透明区域。再对画面或选区进行填充颜色或图案时，只能在不透明区域内进行填充。

在"填充"对话框中设置合适的选项及参数后，单击 确定 按钮，即可为当前画面或选区填充上所选择的颜色或图案。

2．利用组合键

按 Alt+BackSpace 组合键或 Alt+Delete 组合键，可以给当前画面或选区填充前景色。按 Ctrl+BackSpace 或 Ctrl+Delete 组合键，可以给当前画面或选区填充背景色。

3．利用工具

工具箱中填充颜色的工具有"渐变"工具 和"油漆桶"工具 ，具体操作请参见项目三中的内容。

- "渐变"工具 是为画面或选区填充多种颜色渐变的工具，使用前应先在属性栏中设置好渐变的颜色及渐变的类型，然后将鼠标指针移动到画面或选区内拖曳即可。
- "油漆桶"工具 是为画面或选区填充前景色或图案的工具，使用前应先在工具箱中设置好填充的前景色或在属性栏中选择好填充的图案，然后将鼠标指针移动到要填充的画面或选区内单击即可。

以上分别讲解了设置与填充颜色的几种方法，其中利用"拾色器"对话框设置颜色与利用快捷键填充颜色的方法比较常用。

下面分别利用菜单命令、快捷键和工具对指定的选区进行颜色填充，绘制出图 1-40 所示的图形，具体操作如下。

（1）执行"文件"/"打开"命令，在弹出的"打开"对话框中选择"图库/项目一/hello 轮廓.psd"文件，单击 打开(O) 按钮，打开的文件如图 1-41 所示。

（2）在"图层"面板中单击"图层 1"，将其设置为当前图层，如图 1-42 所示。

图 1-40 绘制的图形

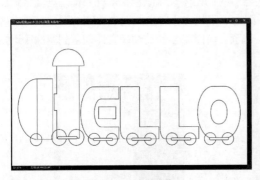

图 1-41　打开的文件

图 1-42　设置当前图层

（3）在工具箱中选择"魔棒"工具，将鼠标指针移动到图 1-43 所示的位置并单击，创建的选区如图 1-44 所示。

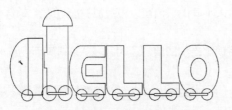

图 1-43　鼠标指针放置的位置

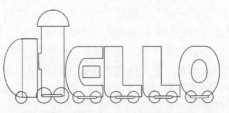

图 1-44　创建的选区

（4）按住 Shift 键，此时鼠标指针变成形状，将鼠标指针移动到图 1-45 所示的位置并单击，可添加选区，依次在不同位置单击添加指定选区，最终创建的选区如图 1-46 所示。

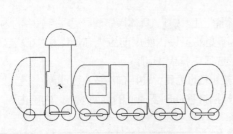

图 1-45　鼠标指针放置的位置

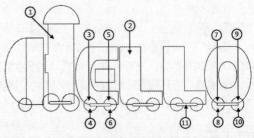

图 1-46　创建的选区

（5）轮子部分本应为一个整体的选区，却被字母轮廓线分割为两部分，并且选择的区域都在轮廓线以内，效果如图 1-47 所示。

（6）执行"选择"/"修改"/"扩展"命令，在弹出的"扩展选区"对话框中设置选项参数，如图 1-48 所示。

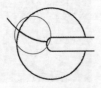

图 1-47　创建的选区

图 1-48　"扩展选区"对话框设置

（7）单击 确定 按钮，选区即合并为一个整体，且边缘扩展到轮廓线外侧，以避免去掉轮廓线后色块之间存在空隙，效果如图 1-49 所示。

（8）执行"选择"/"修改"/"平滑"命令，在弹出的"平滑选区"对话框中设置选项参数，如图 1-50 所示。

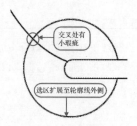

图 1-49 创建的选区   图 1-50 "平滑选区"对话框设置

（9）单击 确定 按钮，个别交叉处选区出现瑕疵，对其进行进一步平滑操作，效果如图 1-51 所示。

（10）单击前景色块，在弹出的"拾色器"对话框中设置 R、G、B 颜色参数，如图 1-52 所示。

图 1-51 平滑前后效果

（11）单击 确定 按钮，将前景色设置为橙色（R:255,G:102,B:0）。

（12）在"图层"面板底部单击 按钮，新建一个图层"图层 2"，按 Alt+Delete 组合键，为当前选区填充前景色，如图 1-53 所示。

图 1-52 设置的颜色   图 1-53 填充橙色后的效果

（13）在"图层"面板中单击"图层 1"，将其设置为当前图层，如图 1-54 所示。

（14）选择"魔棒"工具 ，结合 Shift 键选择新选区。重复步骤（6）～步骤（9），创建图 1-55 所示的选区。

图 1-54 设置当前图层   图 1-55 创建的选区

（15）在"颜色"面板中设置背景色参数，如图 1-56 所示。

　　　　按 X 键，可将工具箱中的前景色与背景色互换。按 D 键，可以将工具箱中的前景色
与背景色分别设置为黑色与白色。

（16）在"图层"面板底部单击 ◻ 按钮，新建一个图层"图层3"，按 Ctrl+Delete 组合键，为当
前选区填充背景色，效果如图 1-57 所示。注意，如果要填充的颜色为前景色，此处要按 Alt+Delete
组合键切换。

图1-56　设置背景色参数

图1-57　填充背景色后的效果

（17）单击"图层1"，继续选择"魔棒"工具 ，结合 Shift 键重复步骤（6）～步骤（9），创
建出图 1-58 所示的选区。

（18）执行"窗口"/"色板"命令，显示"色板"面板，吸取图 1-59 所示的颜色。

图1-58　创建的选区

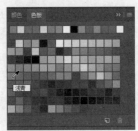

图1-59　吸取的颜色

（19）新建"图层4"，执行"编辑"/"填充"命令，在弹出的"填充"对话框中，设置相应的"前
景色"或"背景色"选项，如图 1-60 所示。单击 确定 按钮，将吸取的浅青色填充至选区中，效果如
图 1-61 所示。

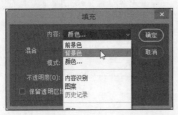

图1-60　设置填充的内容

图1-61　填充浅青色后的效果

（20）执行"选择"/"取消选择"命令或按 Ctrl+D 组合键取消选择选区，"图层"面板如图 1-62
所示。

（21）将鼠标指针移动到图 1-63 所示的 ◉ 图标位置并单击，可将该图层隐藏。

（22）在"图层"面板中单击"背景"图层，单击 ◻ 按钮新建一个图层"图层5"。

（23）将前景色设置为蓝紫色（R:27,G:20,B:100），如图 1-64 所示，按 Alt+Delete 组合键，为当前图层填充前景色。

图 1-62 "图层"面板　　　图 1-63 隐藏图层　　　　　图 1-64 设置的颜色

至此，颜色填充完成，图形的整体效果如图 1-65 所示。

（24）执行"文件"/"存储为"命令或按 Shift+Ctrl+S 组合键，在弹出的"存储为"对话框中将文件命名为"hello 标志设计"，单击 保存(S) 按钮保存文件。

图 1-65 图形填充颜色后的效果

项目实训　图像的缩放设置

在处理图像时，经常需要将图像放大、缩小或平移，以便观察图像的细节或整体效果。本实训介绍图像的缩放设置。

● "缩放"工具：在图像窗口中单击，图像将以单击处为中心放大一级显示；按住鼠标左键拖曳出一个矩形虚线框，释放鼠标左键后系统会将虚线框中的图像放大显示，如图 1-66 所示。如果按住 Alt 键，鼠标指针形状将变成形状，在图像窗口中单击，图像将以单击处为中心缩小一级显示。

图像的缩放设置

图 1-66 图像放大显示状态

● "抓手"工具：图像无法在屏幕中完全显示时，选择"抓手"工具，将鼠标指针移动到图像中并按住鼠标左键拖曳，可以在不影响图像放大级别的前提下平移图像，以观察图像窗口中无法显示的图像。

知识提示　　利用"缩放"工具将图像放大后，如果图像在图像窗口中无法完全显示，此时可以利用"抓手"工具平移图像，对图像进行局部观察。"缩放"工具和"抓手"工具通常配合使用。

1. 属性栏

"缩放"工具 🔍 和"抓手"工具 ✋ 的属性栏基本相同，"缩放"工具 🔍 的属性栏如图 1-67 所示。

图 1-67 "缩放"工具的属性栏

- "放大"按钮 🔍 ：激活此按钮，在图像窗口中单击，可以将图像窗口中的画面放大显示，最大显示比例为 3200%。
- "缩小"按钮 🔍 ：激活此按钮，在图像窗口中单击，可以将图像窗口中的画面缩小显示。
- "调整窗口大小以满屏显示"复选框：勾选此复选框，当对图像进行缩放时，系统会自动调整图像窗口的大小，使其与当前图像适配。
- "缩放所有窗口"复选框：当在工作区中打开多个图像窗口时，勾选此复选框或按住 Shift 键，缩放操作可以影响工作区中所有的图像窗口，即同时放大或缩小所有图像文件。
- "细微缩放"复选框：勾选此复选框，在图像窗口中按住鼠标左键拖曳，可实时缩放图形；向左拖曳为缩小调整，向右拖曳为放大调整。
- 100% 按钮：单击此按钮，将当前窗口缩放为 1:1 以实际像素尺寸显示，即以 100% 比例显示。
- 适合屏幕 按钮：单击此按钮，系统根据绘图窗口中剩余空间的大小，自动调整图像窗口的大小及图像的显示比例，使其在不与工具栏和面板重合的情况下，尽可能地放大显示。
- 填充屏幕 按钮：单击此按钮，系统根据工作区剩余空间的大小自动分配和调整图像窗口的大小及图像的显示比例，使其在工作区中尽可能地放大显示。

2. 快捷键

（1）"缩放"工具的快捷键

- 按 Ctrl++组合键，可以放大显示图像；按 Ctrl+-组合键，可以缩小显示图像；按 Ctrl+O 组合键，可以将图像窗口内的图像自动适配至屏幕大小显示。
- 双击工具箱中的 🔍 工具，可以将图像窗口中的图像以实际像素尺寸显示，即以 100% 比例显示。
- 按住 Alt 键，可以将当前的放大显示工具切换为缩小显示工具。
- 按住 Ctrl 键，可以将当前的"缩放"工具 🔍 切换为"移动"工具 ✛ ，此时鼠标指针变成 ▸ 形状，释放 Ctrl 键后，即恢复为"缩放"工具 🔍 。

（2）"抓手"工具的快捷键

- 双击 ✋ 工具，可以将图像适配至屏幕大小显示。
- 按住 Ctrl 键在图像窗口中单击，可以将图像放大显示；按住 Alt 键在图像窗口中单击，可以将图像缩小显示。
- 无论当前哪个工具被选择使用，按住 Space 键，都可将当前工具切换为"抓手"工具 ✋ 。

缩放图像的具体操作如下。

（1）执行"文件"/"打开"命令，打开"图库/项目一/花与鸟.jpg"文件。

（2）选择"缩放"工具 🔍 ，确认属性栏中的复选框都没有被勾选，在画面中按住鼠标左键并向右下角拖曳，将出现一个虚线矩形框，如图 1-68 所示。

（3）释放鼠标左键，放大后的画面如图 1-69 所示。

（4）选择"抓手"工具 ✋ ，将鼠标指针移动到画面中，鼠标指针变成 ✋ 形状，按住鼠标左键并拖曳，可以平移画面观察其他位置的图像，如图 1-70 所示。

（5）选择"缩放"工具 🔍 ，将鼠标指针移动到画面中，按住 Alt 键，鼠标指针变为 🔍 形状，单击将画面缩小显示，以观察画面的整体效果。

图1-68　绘制虚线矩形框

图1-69　放大后的画面

图1-70　平移画面

项目拓展　工作界面模式的设置

利用 Photoshop CC 2018 编辑和处理图像时，其工作界面有两种模式，分别为编辑模式和显示模式，本拓展任务分别对它们进行详细介绍。

1.　编辑模式

Photoshop CC 2018 工具箱的下方有以下两个模式按钮。

- "以标准模式编辑"按钮▣：单击该按钮，可切换到 Photoshop CC 2018 默认的编辑模式。
- "以快速蒙版模式编辑"按钮▣：快速蒙版模式用于创建各种特殊选区，在默认的编辑模式下单击该按钮，可切换到快速蒙版编辑模式，此时所进行的各种编辑操作不是对图像进行的，而是对快速蒙版进行的，且"通道"面板中会增加一个临时的快速蒙版通道。

2.　显示模式

Photoshop CC 2018 为用户提供了 3 种屏幕显示模式。在工具箱中最下方的"标准屏幕模式"按钮▣上按住鼠标左键不放，将显示图 1-71 所示的工具。也可执行"视图"/"屏幕模式"命令，显示图 1-72 所示的命令。

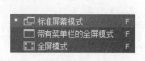
图1-71　显示的工具

图1-72　显示的命令

- "标准屏幕模式"命令：执行此命令，可进入默认的显示模式。
- "带有菜单栏的全屏模式"命令：执行此命令，系统会将软件的标题栏及下方 Windows 界面的工具栏隐藏。
- "全屏模式"命令：执行此命令，系统会弹出"信息"对话框，单击 全屏 按钮，系统会将界面中的所有工具箱和面板等隐藏，只显示当前图像文件，单击 取消 按钮可退出全屏。

多学一招

　　　　连续按 F 键，可以在这几种显示模式之间切换。按 Tab 键可将工具箱、属性栏和面板同时隐藏。

习题

（1）根据本项目任务二中介绍的知识点，练习面板的拆分与组合。
（2）根据本项目任务四中介绍的操作步骤，练习颜色的设置与填充。

02

项目二
选区和移动工具的应用

在利用 Photoshop CC 2018 处理图像时，经常会遇到需要处理图像局部的情况，此时运用选区选取图像的待处理区域再进行操作是一个很好的方法。Photoshop CC 2018 提供的选区工具有很多种，利用它们可以按照不同的形式来选取图像的局部进行调整或添加效果，这样就可以有针对性地编辑图像了。本项目主要介绍选区和"移动"工具的使用方法。

知识技能目标

- 掌握使用选框工具选取图像的方法；
- 掌握使用套索工具选取图像的方法；
- 掌握使用"快速选择"工具和"魔棒"工具选取图像的方法；
- 掌握利用"移动"工具对图像进行移动、复制等操作；
- 掌握图像的变形操作；
- 掌握图像的对齐和分布等操作；
- 掌握图像的复制和粘贴等操作。

任务一 利用选框工具选择图像

Photoshop CC 2018 提供了多种创建选区的工具，常用的有"矩形选框"工具![图标]、"椭圆选框"工具![图标]、"单行选框"工具![图标]和"单列选框"工具![图标]，除此之外还包括"套索"工具![图标]、"多边形套索"工具![图标]和"磁性套索"工具![图标]。另外，"魔棒"工具![图标]和快捷选择工具比较特殊，它们是依靠颜色的差别程度创建选区的，它们操作起来简便快捷，但对于背景色复杂的图像不适用。

本任务介绍选框工具的使用方法。

- "矩形选框"工具![图标]：利用此工具可以在图像中建立矩形选区。
- "椭圆选框"工具![图标]：利用此工具可以在图像中建立椭圆形或圆形选区。
- "单行选框"工具![图标]和"单列选框"工具![图标]：用于创建 1 像素高度的水平选区和 1 像素宽度的垂直选区，选择"单行选框"工具![图标]或"单列选框"工具![图标]后，在画面中单击即可创建单行或单列选区。

各选框工具的属性栏相同，当在工具箱中选择选框工具后，工作界面上方的属性栏如图 2-1 所示。

图 2-1 选框工具的属性栏

1. 选区运算按钮

- "新选区"按钮![图标]：默认情况下此按钮处于激活状态，此时可在图像文件中依次创建选区，图像文件中将始终保留最后一次创建的选区。
- "添加到选区"按钮![图标]：激活此按钮或按住 Shift 键，在图像文件中依次创建选区，后创建的选区将与先创建的选区合并成为新的选区，效果如图 2-2 所示。

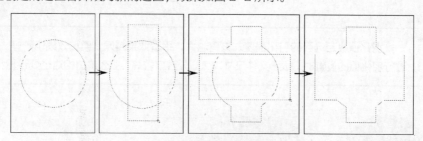

图 2-2 添加到选区操作示意

- "从选区减去"按钮![图标]：激活此按钮或按住 Alt 键，在图像文件中依次创建选区，如果后创建的选区与先创建的选区有相交的部分，则从先创建的选区中减去相交的部分，将剩余的选区作为新的选区，效果如图 2-3 所示。

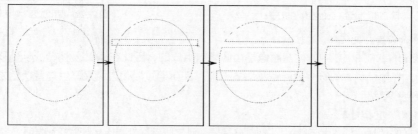

图 2-3 从选区中减去操作示意

- "与选区交叉"按钮 ：激活此按钮或按住 Shift+Alt 组合键，在图像文件中依次创建选区；如果后创建的选区与先创建的选区有相交的部分，则把相交的部分作为新的选区，效果如图 2-4 所示；如果创建的选区之间没有相交的部分，系统将弹出图 2-5 所示的警告提示框，警告未选择任何像素。

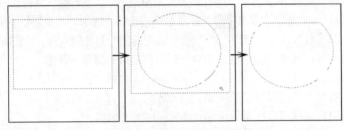

图 2-4　与选区交叉操作示意

图 2-5　警告提示框

2.　选区羽化设置

在"羽化"文本框中输入数值，再绘制选区，可使创建的选区边缘变得平滑，填色后产生柔和的边缘效果。图 2-6 所示为使用不同的羽化值填充红色的效果。

 在设置"羽化"选项的参数时，其数值一定要小于要创建选区的最小半径，否则系统会弹出警告提示框，提示用户将选区绘制得大一点或将羽化值设置得小一点。

绘制完选区后，执行"选择"/"修改"/"羽化"命令（或按 Shift+F6 组合键），在弹出的图 2-7 所示的"羽化选区"对话框中设置适当的"羽化半径"值，单击 确定 按钮，也可对选区进行羽化设置。

 羽化值决定选区的羽化程度，该值越大，平滑效果越好，柔和效果也越好。另外，在进行羽化值的设置时，如果文件尺寸较大、分辨率较高，那么该值相对也要设置得大一些。

图 2-6　设置不同的羽化值填充红色的效果

图 2-7　"羽化选区"对话框

3.　"消除锯齿"复选框

Photoshop CC 2018 中的位图图像是由像素点组成的，因此在编辑圆形或弧形图形时，其边缘会出现锯齿。在属性栏中勾选"消除锯齿"复选框，即可通过淡化边缘来产生与背景色之间的过渡，使锯齿边缘变得平滑。

4.　"样式"下拉列表

在属性栏的"样式"下拉列表中，有"正常""固定比例""固定大小"3 个选项。

- 选择"正常"选项，可以在图像文件中创建任意大小或比例的选区。

● 选择"固定比例"选项，可以在"样式"选项后的"宽度"和"高度"文本框中输入数值来约束所绘选区的宽度和高度比。

● 选择"固定大小"选项，可以在"样式"选项后的"宽度"和"高度"文本框中输入将要创建选区的宽度和高度值，单位为像素。

5. 选择并遮住... 按钮

单击 选择并遮住... 按钮，将弹出图 2-8 所示的"属性"面板。在此面板中设置选项，可以将选区调整得更加平滑和细致，还可以对选区进行扩展或收缩，使其更加符合实际要求。

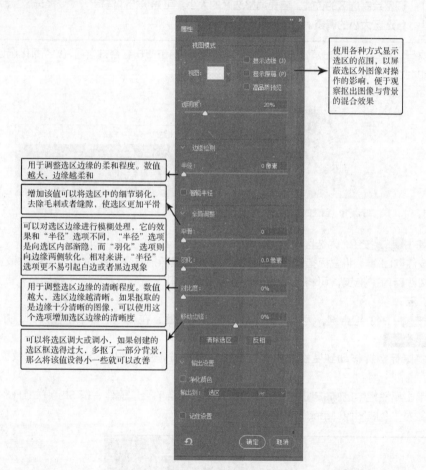

图 2-8 "属性"面板

下面利用"椭圆选框"工具 选择图像并将其移动到新的背景文件中，制作出图像在花朵中的效果，原图及合成后的效果如图 2-9 所示。具体操作如下。

图 2-9 原图及合成后的效果

（1）按 Ctrl+O 组合键，打开"图库/项目二/花朵.jpg、照片 01.jpg"文件。

（2）确认"照片 01.jpg"文件处于工作状态，选择"椭圆选框"工具 ⬭ ，按住 Shift 键拖曳鼠标指针，绘制圆形选区，选择人物的头像。

（3）将鼠标指针移动到选区中按住鼠标左键并拖曳，调整选区的位置，创建的选区如图 2-10 所示。

在拖曳鼠标指针绘制选区且并没有释放鼠标左键时，按空格键的同时移动选区，也可调整绘制选区的位置。若要调整选区的大小，可先执行"选择"/"变换选区"命令，再进行选区大小的调整。

（4）执行"选择"/"修改"/"羽化"命令（或按 Shift+F6 组合键），弹出"羽化选区"对话框，参数设置如图 2-11 所示。

图 2-10 创建的选区

图 2-11 "羽化选区"对话框设置

（5）单击 确定 按钮，为选区设置羽化效果，让选区的边缘产生柔和的过渡。

（6）按住 Ctrl 键，将鼠标指针移动到选区中，此时鼠标指针变为 ▶ 形状，按住鼠标左键并向"花朵.jpg"文件窗口中拖曳，可将选区内的图像复制到"花朵.jpg"文件中，效果及"图层"面板如图 2-12 所示。

（7）按 Ctrl+T 组合键，为人物图像添加自由变换框，在属性栏中单击 ⚭ 按钮，并设置参数为 W: 70% ⚭ H: 70.00% 。

（8）将鼠标指针移动到变换框内，按住鼠标左键并拖曳，调整图像的位置，效果如图 2-13 所示。

（9）单击属性栏中的 ✓ 按钮或按 Enter 键，完成图像的合成操作，按 Shift+Ctrl+S 组合键，将此文件命名为"合成图像 1.psd"并保存。

图 2-12 效果及"图层"面板

图 2-13 图像调整后的大小及位置

任务二 　利用套索工具选择图像

本任务介绍套索工具的使用方法。

- "套索"工具 ○：利用此工具可以在图像中按照鼠标指针拖曳的轨迹绘制选区。
- "多边形套索"工具 ▷：利用此工具可以通过连续单击的轨迹自动生成选区。
- "磁性套索"工具 ▷：利用此工具可以在图像中根据颜色的差别自动勾画出选区。

工具箱中的"套索"工具 ○、"多边形套索"工具 ▷ 和"磁性套索"工具 ▷ 的属性栏与前面介绍的选框工具的属性栏基本相同，只是"磁性套索"工具 ▷ 的属性栏中增加了几个新的选项，如图 2-14 所示。

| ▷ ∨ | ■ ▣ ▣ | 羽化：0 像素 | ☑ 消除锯齿 | 宽度：10 像素 | 对比度：10% | 频率：57 | ◎ | 选择并遮住 |

图 2-14 "磁性套索"工具属性栏

- "宽度"文本框：决定使用"磁性套索"工具 ▷ 时的探测宽度，数值越大探测范围越大。
- "对比度"文本框：决定"磁性套索"工具 ▷ 探测图形边界的灵敏度，该数值过大时，将只能对颜色分界明显的边缘进行探测。
- "频率"文本框：在利用"磁性套索"工具 ▷ 绘制选区时，会有很多小矩形紧固点对图像的选区进行固定，以确保选区不被移动，此数值决定这些小矩形紧固点出现的次数，数值越大，在拖曳鼠标指针过程中出现的小矩形紧固点越多。
- "压力"按钮 ◎：用于设置绘图板的笔刷压力，激活此按钮，钢笔的压力增加时会使套索的宽度变细。

下面利用"磁性套索"工具 ▷ 选择图像并将其移动到新的背景文件中，制作出艺术照效果，原图及合成后的效果如图 2-15 所示。具体操作如下。

图 2-15　原图及合成后的效果

（1）打开"图库/项目二/照片 02.jpg、城市背景.jpg"文件。

（2）确认"照片 02.jpg"文件处于工作状态，选择"磁性套索"工具 ▷，在画面中人物图像的轮廓边缘处单击，确定绘制选区的起始点，如图 2-16 所示。

（3）沿着图像轮廓边缘移动鼠标指针，选区会自动吸附在图像的轮廓边缘，且自动生成吸附在图像边缘的矩形紧固点，如图 2-17 所示。

图 2-16　确定起始点　　　　图 2-17　沿图像轮廓边缘移动鼠标指针

在拖曳鼠标指针时，如果出现的线形没有吸附在想要的图像边缘位置，可以通过单击手工添加紧固点来确定要吸附的位置。另外，按 BackSpace 键或 Delete 键可逐步撤销已生成的紧固点。

（4）当鼠标指针移动到图 2-18 所示的边缘位置时，按住 Alt 键单击可将当前工具切换为"多边形套索"工具▶，向左移动鼠标指针至图像左下角位置单击，可绘制直线边界。

（5）释放 Alt 键后单击，当前工具还原为"磁性套索"工具▶，拖动鼠标指针，直到鼠标指针和起始点重合，此时鼠标指针的右下角会出现一个小圆圈，如图 2-19 所示。

图 2-18 鼠标指针的位置　　　　　　图 2-19 鼠标指针右下角出现小圆圈

（6）单击建立封闭选区，生成的选区如图 2-20 所示。

（7）按住 Ctrl 键和鼠标左键拖曳，将选区中的图像复制到"城市背景.jpg"文件中，按 Ctrl+T 组合键，为人物图像添加自由变换框。

（8）将人物图像调整至图 2-21 所示的大小及位置，按 Enter 键确认。

图 2-20 生成的选区　　　　　　　图 2-21 图像调整后的大小及位置

为了让人物图像与背景更好地融合，下面利用"图层样式"命令为其添加一个浅蓝色的外发光效果。

（9）执行"图层"/"图层样式"/"外发光"命令，在弹出的"图层样式"对话框中单击"杂色"选项下方的色块，在弹出的"拾色器"对话框中将颜色设置为深绿色（R:159,G:209,B:251），单击 确定 按钮。

（10）设置"图层样式"对话框中的选项及参数，如图 2-22 所示。

（11）单击 确定 按钮，完成图像的合成，按 Shift+Ctrl+S 组合键，将当前文件命名为"白领.psd"并保存。

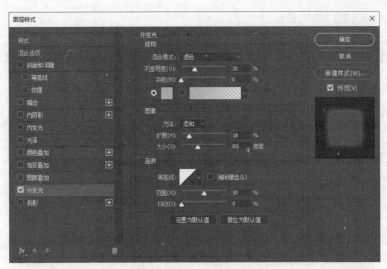

图 2-22 "图层样式"对话框设置

任务三 利用"快速选择"工具和"魔棒"工具选择图像

本任务介绍"快速选择"工具 和"魔棒"工具 的使用方法，利用这两个工具可以快速地选取图像中颜色较单一的区域，以便快速地编辑图像。

• "快速选择"工具 是一种非常直观、灵活和快捷的选取图像中面积较大的单一颜色区域的工具。其使用方法是，在图像需要添加选区的位置按住鼠标左键移动鼠标指针，像利用"画笔"工具 绘画一样，将鼠标指针经过的区域及与其颜色相近的区域都添加为选区。

• "魔棒"工具 主要用于选择图像中大块的单色区域或相近的颜色区域。其使用方法非常简单，只需在要选择的颜色范围内单击，即可将图像中与鼠标指针落点相同或相近的颜色区域全部选择。

（1）"快速选择"工具 的属性栏如图 2-23 所示。

图 2-23 "快速选择"工具的属性栏

• "新选区"按钮 ：默认状态下此按钮处于激活状态，此时在图像中按住鼠标左键拖曳可以绘制新的选区。

• "添加到选区"按钮 ：当使用"新选区"按钮 添加选区后，此按钮会自动切换为激活状态，按住鼠标左键在图像中拖曳，可以增加图像的选择区域。

• "从选区减去"按钮 ：激活此按钮，可以从图像中已有的选区中减去鼠标指针拖曳的区域。

• "画笔"下拉列表 ：用于设置所选区域的大小。

• "对所有图层取样"复选框：勾选此复选框，在绘制选区时，将应用到所有可见图层中；若不勾选此复选框，则只能选择当前图层中与单击处颜色相近的部分。

• "自动增强"复选框：勾选此复选框，添加的选区边缘会更平滑，并且自动将选区向图像边缘进一步扩展。

（2）"魔棒"工具 的属性栏如图 2-24 所示。

图 2-24 "魔棒"工具的属性栏

- "容差"文本框：决定创建选区的范围大小，数值越大，选择范围越大。
- "连续"复选框：勾选此复选框，只能选择图像中与单击处颜色相近且相连的部分；若不勾选此复选框，则可以选择图像中所有与单击处颜色相近的部分，如图 2-25 所示。

图 2-25 勾选与不勾选"连续"复选框创建的选区

下面利用"快速选择"工具 和"魔棒"工具 将两幅图像进行合成，原图及合成后的效果如图 2-26 所示。具体操作如下。

图 2-26 原图及合成后的效果

（1）打开"图库/项目二/购物.jpg、粉色小花.jpg"文件。

（2）选择"魔棒"工具 ，将鼠标指针移动到"粉色小花.jpg"文件的白色背景中单击，创建的选区如图 2-27 所示。

这里只需要选择白色的背景，但从图中发现粉色小花中的白色也被选择了，出现这种情况是由于"容差"值设置得太大，可以试着调小一些。注意，也不能设置得太小，如果太小，白色背景又会选择得不完全。

（3）将属性栏中的"容差"设置为 10，再次在白色背景中单击，创建的选区如图 2-28 所示。

图 2-27 创建的选区（1）　　　　图 2-28 创建的选区（2）

（4）执行"选择"/"反选"命令（或按 Shift+Ctrl+I 组合键），将选区反选，只选择粉色小花图像。

（5）将选择的图像复制到"购物.jpg"文件中，按 Ctrl+T 组合键，添加自由变换框。激活属性栏中的 按钮，设置参数为 W: 80.00% H: 80.00% 。

（6）将鼠标指针移动到自由变换框的外侧，当鼠标指针变为旋转符号时按住鼠标左键并拖曳，旋转图像，将其调整至图 2-29 所示的形态。

（7）按 Enter 键确认图像的调整，在"图层"面板中单击"背景"图层，将其设置为当前图层。

（8）选择"新选区"工具 ，按住鼠标左键并拖曳，选择购物袋区域，创建的选区如图 2-30 所示。

（9）在"图层"面板中单击"图层 1"图层，将其设置为当前图层，执行"选择"/"反选"命令，将选区反选，按 Delete 键，将超出购物袋以外的图像删除，效果如图 2-31 所示。

（10）执行"选择"/"取消选择"命令（或按Ctrl+D组合键），取消选择选区，在"图层"面板中单击左上方的 正常 下拉列表框。

（11）在弹出的下拉列表中选择"正片叠底"选项，效果如图 2-32 所示。

（12）至此，图像合成完毕，按 Shift+Ctrl+S 组合键，将当前文件命名为"手提袋.psd"并保存。

图 2-29　调整后的形态　　图 2-30　创建的选区　　图 2-31　删除多余图像后的效果　图 2-32　设置混合模式后的效果

任务四　移动复制图像

"移动"工具 是 Photoshop CC 2018 中应用十分频繁的工具，它主要用于对选择的内容进行移动、复制、变形，以及排列和分布等。本任务介绍如何移动复制图像。

"移动"工具 的使用方法为：拖曳除"背景"图层外的内容可以将其移动；按住 Alt 键的同时拖曳鼠标指针，可以将其复制；另外，配合属性栏中的"显示变换控件"复选框可以对当前图像进行变形操作。

"移动"工具 的属性栏如图 2-33 所示。

图 2-33　"移动"工具的属性栏

默认情况下，"移动"工具 的属性栏中只有"自动选择"复选框和"显示变换控件"复选框可用，右侧的对齐按钮、分布按钮及 3D 模式按钮只有在满足一定条件后才可用。

- "自动选择"复选框：勾选此复选框，并在右侧的下拉列表中选择要自动移动的图层或者组，然后在图像文件中移动图像，软件会自动选择当前图像所在的图层或者组；如果不勾选此复选框，要想移动某一图像，必须先将此图像所在的图层设置为当前图层。

● "显示变换控件"复选框：勾选此复选框，图像文件中会根据当前图层（"背景"图层除外）图像的大小出现虚线的定界框；定界框的四周有 8 个小矩形，称为调节点，中间的符号为调节中心；将鼠标指针放置在定界框的调节点上按住鼠标左键并拖曳，可以对定界框中的图像进行变换调节。

下面灵活运用"移动"工具 ✛ 的移动与复制操作，制作出图 2-34 所示的花布图案，具体操作如下。

（1）执行"文件"/"新建"命令，新建"宽度"为 30 厘米、"高度"为 26 厘米、"分辨率"为 150 像素/英寸的文件。

（2）设置前景色为浅蓝色（R:112,G:127,B:186），按 Alt+Delete 组合键将设置的前景色填充至"背景"图层中。

（3）打开"图库/项目二/花纹.jpg"文件，选择"魔棒"工具 ✎，将鼠标指针移动到白色背景上单击以添加选区，按 Shift+Ctrl+I 组合键，将选区反选，创建的选区如图 2-35 所示。

（4）选择"移动"工具 ✛，将选择的图像直接拖进新建文档中进行复制，如图 2-36 所示。

（5）按 Ctrl+T 组合键给图像添加自由变换框，按住 Shift 键，将鼠标指针放置到自由变换框右下角的控制点上，按住鼠标左键并向左上方拖曳，将图像等比例缩小至合适大小后释放鼠标左键，如图 2-37 所示。

图 2-34　制作的花布图案　　图 2-35　创建的选区　　图 2-36　移动复制的图像　　图 2-37　调整图像大小时的状态

（6）单击属性栏中的 ✓ 按钮，确认图片的缩小调整。

（7）按住 Ctrl 键，在"图层"面板中单击"图层 1"前面的图层缩览图，给图层添加选区，如图 2-38 所示。

（8）按住 Alt 键，将鼠标指针移动到选区内，此时鼠标指针将变为图 2-39 所示的 ▶ 状态。

图 2-38　添加选区　　　　　　　图 2-39　移动复制图标

（9）按住鼠标左键向右下方拖曳鼠标指针，移动选区中的图像，释放鼠标左键后，图像即被复制到指定的位置，如图 2-40 所示。

（10）多次按住 Alt 键并移动选择的图像，效果如图 2-41 所示。

图 2-40 移动复制出的图像

图 2-41 连续移动复制出的图像

（11）复制一个图像，按 Ctrl+T 组合键为其添加自由变换框，并将其调整至图 2-42 所示的大小及位置。

（12）按 Enter 键确认图像的调整。用与以上相同的复制操作，依次复制图像，得到图 2-43所示的效果。

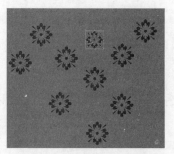
图 2-42 调整图像的大小及位置

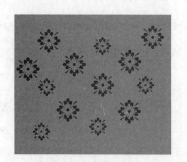
图 2-43 复制出的图像

知识
提示

在整个复制和缩放的过程中，图像都是带选区进行操作的。

（13）用步骤（11）、步骤（12）的方法，依次调整图像的大小和位置并继续复制，完成后按Ctrl+D 组合键取消选区，效果如图 2-44 所示。

（14）选择"矩形选框"工具 ▦ ，根据复制图像的边界绘制出图 2-45 所示的选区。

图 2-44 复制的图像效果

图 2-45 绘制选区

（15）执行"图像"/"裁剪"命令，将选区以外的图像裁剪掉，即可得到花布图案效果。

（16）按 Ctrl+S 组合键，将文件命名为"花布图案效果.psd"并保存。

任务五　图像的变形应用

在 Photoshop CC 2018 中，变换图像的方法有 3 种：一是直接利用"移动"工具 ⊕ 并结合属性栏中的 ☑ 显示变换控件 复选框来变换图像；二是利用"编辑"/"自由变换"命令来变换图像；三是利用"编辑"/"变换"子菜单命令来变换图像。无论使用哪种方法，都可以得到相同的变换效果。本任务介绍图像的变形应用。

1. 缩放图像

将鼠标指针放置到自由变换框各边中间的调节点上，当鼠标指针变为 ↔ 或 ↕ 形状时，按住鼠标左键左右或上下拖曳，可以水平或垂直缩放图像。将鼠标指针放置到自由变换框 4 个角的调节点上，当鼠标指针变为 ↘ 或 ↗ 形状时，按住鼠标左键并拖曳，可以缩放图像。此时，按住 Shift 键可以等比例缩放图像；按住 Alt+Shift 组合键可以以自由变换框的调节中心为基准等比例缩放图像。以不同方式缩放图像时的状态如图 2-46 所示。

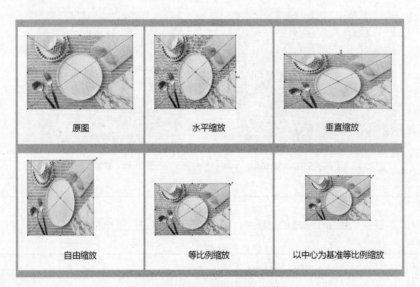

图 2-46　以不同方式缩放图像时的状态

2. 旋转图像

将鼠标指针移动到自由变换框的外部，当鼠标指针变为 ↻ 或 ↺ 形状时拖曳鼠标指针，可以围绕自由变换框的调节中心旋转图像，效果如图 2-47 所示。若按住 Shift 键旋转图像，可以使图像以 15° 为增量进行旋转。

在"编辑"/"变换"子菜单中执行"旋转 180 度""顺时针旋转 90 度""逆时针旋转 90 度""水平翻转""垂直翻转"等命令，可以将图像旋转 180°，顺时针旋转 90°，逆时针旋转 90°，水平翻转或垂直翻转。

3. 斜切图像

执行"编辑"/"变换"/"斜切"命令（或按住 Ctrl+Shift 组合键）调整自由变换框的调节点，可以使图像斜切变换，效果如图 2-48 所示。

4. 扭曲图像

执行"编辑"/"变换"/"扭曲"命令（或按住 Ctrl 键）调整自由变换框的调节点，可以使图像扭曲变形，效果如图 2-49 所示。

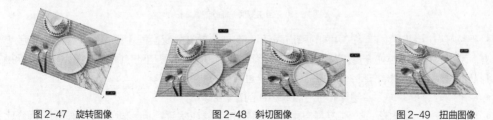

图 2-47　旋转图像　　　　图 2-48　斜切图像　　　　　　　图 2-49　扭曲图像

5. 透视图像

执行"编辑"/"变换"/"透视"命令（或按住 Ctrl+Alt+Shift 组合键）调整自由变换框的调节点，可以使图像产生透视变形效果，如图 2-50 所示。

6. 变形图像

执行"编辑"/"变换"/"变形"命令，或单击属性栏中的"在自由变换和变形模式之间切换"按钮 ，自由变换框将转换为自由变形框，可以通过调整自由变形框来调整图像，效果如图 2-51 所示。

图 2-50　透视图像　　　　　　　　　　　图 2-51　变形图像

在属性栏中的"变形"下拉列表中选择一种变形样式，还可以使图像产生各种相应的变形效果，如图 2-52 所示。

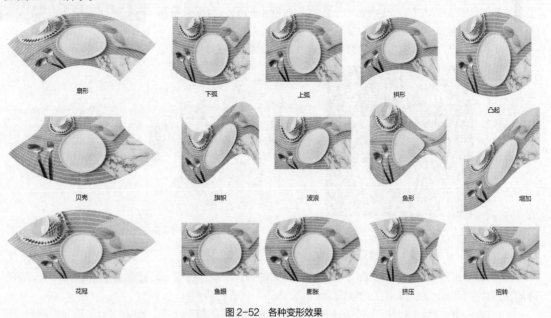

扇形　　　　　　下弧　　　　　　上弧　　　　　　拱形　　　　　　凸起

贝壳　　　　　　旗帜　　　　　　波浪　　　　　　鱼形　　　　　　增加

花冠　　　　　　鱼眼　　　　　　膨胀　　　　　　挤压　　　　　　扭转

图 2-52　各种变形效果

7．"自由变换"命令的属性栏

执行"编辑"/"自由变换"命令，调出"自由变换"命令的属性栏，如图 2-53 所示。

`X: 549.00 像 △  Y: 1718.45 像  W: 100.00%  ∞  H: 100.00%  △ 0.00  度  H: 0.00  V: 0.00  度  插值：两次立方  ⊗ ◯ ✓`

图 2-53　"自由变换"命令的属性栏

- "参考点位置"图标■：中间的黑点表示调节中心在自由变换框中的位置，在任意白色小矩形上单击，可以定位调节中心的位置；将鼠标指针移动至自由变换框中间的调节中心上，待鼠标指针变为▶形状时按住鼠标左键拖曳，可以在图像中移动调节中心的位置。
- "X""Y"文本框：用于精确定位调节中心的坐标。
- "W""H"文本框：分别控制自由变换框中的图像在水平方向和垂直方向缩放的百分比；激活"保持长宽比"按钮∞，则保持图像的长宽比例进行缩放。
- "旋转"按钮△：用于设置图像的旋转角度。
- "H""V"文本框：分别控制图像的倾斜角度，"H"表示水平方向，"V"表示垂直方向。
- "在自由变换和变形模式之间切换"按钮◉：激活此按钮，可以将自由变换模式切换为自由变形模式；取消激活此按钮，可再次切换到自由变换模式。
- "取消变换"按钮◯：单击此按钮（或按 Esc 键），将取消图像的变形操作。
- "提交变换"按钮✓：单击此按钮（或按 Enter 键），将确认图像的变形操作。

下面将打开的图片进行组合，利用"移动"工具✛属性栏中的"显示变换控件"选项制作出图 2-54 所示的包装盒立体效果，具体操作如下。

（1）新建"宽度"为 20 厘米、"高度"为 20 厘米、"分辨率"为 120 像素/英寸的文件。

（2）选择"渐变"工具▭，单击属性栏中的"径向渐变"按钮◉，将工具箱中的前景色设置为蓝灰色（R:118,G:140,B:150）、背景色设置为黑色，按住鼠标左键，从画面的下边缘位置向上拖曳，为背景填充图 2-55 所示的径向渐变效果。

图 2-54　包装盒立体效果

（3）打开"图库/项目二/平面展开图.jpg"文件，如图 2-56 所示。

图 2-55　填充径向渐变后的效果

图 2-56　平面展开图

（4）选择"矩形选框"工具▭，选择图 2-57 所示的正面图形。

（5）将选择的正面图形复制到"未标题-1"文件中，在属性栏中勾选 ☑ 显示变换控件 复选框，给图片添加自由变换框，效果如图 2-58 所示。

（6）按住 Ctrl 键，将鼠标指针放置在自由变换框右下角的控制点上，稍微向上移动此控制点，然后稍微向上移动右上角的控制点，调整出透视效果，如图 2-59 所示。

由于透视的原因，图像右边的高度要比左边的高度矮一些，一般遵循近大远小的透视
规律。

图 2-57 选择正面图形　　　　　　　　　　　图 2-58 添加的变换框

（7）将鼠标指针放置在自由变换框右边中间的控制点上，稍微向左拖曳控制点，缩小立面的宽
度，效果如图 2-60 所示。

（8）调整完成后按 Enter 键，确认图片的透视变形调整。

（9）选择"矩形选框"工具 ，选择侧面图形后将其移动复制到"未标题-1"文件中，并将其
放置到图 2-61 所示的位置。

图 2-59 调整透视变形效果　　图 2-60 缩小立面的宽度　　　图 2-61 移动复制侧面的图形

（10）用与调整正面相同的透视变形方法对侧面图形进行透视变形调整，效果如图 2-62 所示，
按 Enter 键确认。

（11）选择顶面，将其移动复制到"未标题-1"文件中，放置到图 2-63 所示的位置。

（12）按住 Ctrl 键，将鼠标指针放置在自由变换框右边中间的控制点上，将其向左上方调整，效
果如图 2-64 所示。

图 2-62 调整透视变形效果图　　　　图 2-63 移动复制顶面　　　　图 2-64 调整透视效果（1）

（13）按住 Ctrl 键，将鼠标指针放置在自由变换框上边中间的控制点上，将其向左下方调整，效果如图 2-65 所示。

（14）按住 Ctrl 键，将最后面右侧的一个控制点向左下方调整，制作出包装盒顶面的透视效果，如图 2-66 所示。

（15）按 Enter 键确认透视调整，在属性栏中将 ☑ 显示变换控件 复选框勾选取消。

（16）执行"图像"/"调整"/"色相/饱和度"命令，在弹出的"色相/饱和度"对话框中设置参数，如图 2-67 所示。

图 2-65　调整透视效果（2）

图 2-66　顶面透视效果

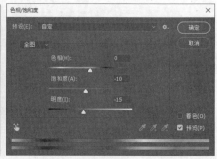

图 2-67　"色相/饱和度"对话框设置

（17）单击 确定 按钮，降低饱和度和明度后的效果如图 2-68 所示。

（18）将"图层 2"设置为当前图层，执行"图像"/"调整"/"色相/饱和度"命令降低侧面图形的饱和度及明度，效果如图 2-69 所示。

包装盒的面和面之间的棱角结构转折位置应该是有点圆滑的，而不会太生硬，在制作时要注意物体结构转折的微妙变化，只有仔细观察、仔细绘制，才能使表现出的物体更加真实、自然。下面进行棱角处理。

（19）新建"图层 4"，并将其放置在"图层 3"的上方，将前景色设置为浅黄色（R：255，G：251，B：213）。

（20）选择"直线工具"工具 ，确认属性栏中的模式设置为 像素 ，设置"粗细"为 2 像素，沿包装盒的面和面的结构转折位置绘制出图 2-70 所示的直线。

图 2-68　降低饱和度和明度后的效果（1）

图 2-69　降低饱和度和明度后的效果（2）

图 2-70　绘制直线

（21）选择"模糊"工具 ，沿着绘制的直线拖曳鼠标指针，对线形做模糊处理，使其不那么生硬。

（22）选择"橡皮擦"工具 ，设置其属性栏如图 2-71 所示。

（23）沿着模糊后的直线在竖面的下边、左侧的后面和右侧的右面轻轻地擦一下，表现出远虚近实的变化，效果如图 2-72 所示。

下面为包装盒绘制投影效果，增强包装盒在光的照射下的立体感。要特别注意的是，每一种物体的投影形状会因为物体本身的形状而不同，投影要跟随物体的结构变化及周围环境的变化而变化。

（24）新建"图层5"，并将其放置在"图层1"的下方，将工具箱中的前景色设置为黑色。

（25）选择"多边形索套"工具，在画面中根据包装盒的结构绘制出投影区域，为其填充黑色，效果如图2-73所示。

图2-71 "橡皮擦"工具的属性栏设置　　　　图2-72 远虚近实的变化效果　　　　图2-73 制作出的投影

（26）按Ctrl+D组合键取消选区，执行"滤镜"/"模糊"/"高斯模糊"命令，在弹出的"高斯模糊"对话框中将"半径"设置为50像素。

（27）单击 确定 按钮，制作模糊后的投影效果。

（28）至此，包装盒的立体效果就制作完成了，按Ctrl+S组合键，将此文件命名为"包装立体效果图.psd"并保存。

项目实训一　绘制标志图形

本实训将利用各种选框工具和几种常用的命令绘制出图 2-74 所示的标志图形。

除了前面介绍的几种常用选区工具，"选择"菜单中还有以下几种编辑选区的命令。

图2-74 绘制的标志图形

● "全部"命令：可以对当前图层中的所有内容进行选择，快捷键为Ctrl+A。

● "取消选择"命令：当图像文件中有选区时，此命令才可用；执行此命令，可以将当前的选区取消选择，快捷键为Ctrl+D。

● "重新选择"命令：将图像文件中的选区取消选择后，执行此命令，可以将取消选择的选区恢复，快捷键为Shift+Ctrl+D。

● "反选"命令：当图像文件中有选区时，此命令才可用；执行此命令，可以将当前的选区反选，快捷键为Ctrl+Shift+I。

● "色彩范围"命令：此命令与"魔棒"工具的功能相似，也可以根据容差值与选择的颜色样本来创建选区；执行此命令创建选区的优势在于，它可以根据图像中色彩的变化情况设置选择程度，从而使选择操作更加灵活、准确。

在菜单栏中的"选择"/"修改"子菜单中，还包括"边界""平滑""扩展""收缩""羽化"等命令，其含义分别介绍如下。

● "边界"命令：通过设置"边界选区"对话框中的"宽度"值，可以将当前选区向内或向外扩展。

- "平滑"命令：通过设置"平滑选区"对话框中的"取样半径"值，可以对当前选区进行平滑处理。
- "扩展"命令：通过设置"扩展选区"对话框中的"扩展量"值，可以对当前选区进行扩展。
- "收缩"命令：通过设置"收缩选区"对话框中的"收缩量"值，可以将当前选区缩小。
- "羽化"命令：通过设置"羽化选区"对话框中的"羽化半径"值，可以给选区设置不同大小的羽化效果。

绘制标志图形的具体操作如下。

（1）新建一个"宽度"为 18 厘米、"高度"为 10 厘米、"分辨率"为 150 像素/英寸、"颜色模式"为 RGB 颜色、"背景内容"为白色的文件。

（2）设置前景色为黑色，按 Alt+Delete 组合键填充至背景图层。

（3）新建"图层 1"，选择"矩形选框"工具 ，按住 Shift 键在文档左侧绘制一个正方形选区，效果如图 2-75 所示。

（4）将前景色设置为黄色（R:237,G:249,B:35），按 Alt+Delete 组合键填充颜色至正方形选区中，效果如图 2-76 所示。

图 2-75　绘制的正方形选区　　　　　　　　图 2-76　将选区填充为黄色

（5）新建"图层 2"，将前景色设置为蓝色（R:35,G:216,B:249），按 Alt+Delete 组合键填充正方形选区。

（6）新建"图层 3"，将前景色设置为橙色（R:249,G:156,B:35），按 Alt+Delete 组合键填充正方形选区。

（7）按 Ctrl+D 组合键取消选择选区，选择"移动"工具 ，将最上方的正方形图像向右移动至图 2-77 所示的位置。

（8）按住 Shift 键在"图层"面板中单击"图层 1"，将"图层 1""图层 2""图层 3"同时选择。

（9）单击属性栏中的 按钮，将 3 个正方形以相同的间距分布，效果如图 2-78 所示。

图 2-77　正方形移动的位置　　　　　　　　图 2-78　正方形平均分布后的效果

（10）选择"椭圆选框"工具 ，按住 Shift 键绘制出图 2-79 所示的圆形选区。

（11）新建"图层 4"，将前景色设置为黑色，按 Alt+Delete 组合键填充选区的前景色，效果如图 2-80 所示。

（12）执行"选择"/"修改"/"收缩"命令，将"收缩量"设置为 10，单击 确定 按钮。

（13）按 Delete 键将选区内的黑色删除，得到连接黄色和蓝色图形的黑色的圆环，效果如图 2-81

所示。

（14）选择"矩形选框"工具 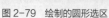，将图形外的多余圆环框选，并按 Delete 键将其删除，效果如图 2-82 所示，再按 Ctrl+D 组合键取消选区。

图 2-79　绘制的圆形选区

图 2-80　填充前景色

图 2-81　删除黑色后的圆环效果

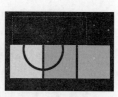
图 2-82　框选并删除多余的黑色圆环

（15）依次新建图层，并用与步骤（10）~步骤（14）相同的方法绘制出图 2-83 所示的黑色图形。

（16）选择"横排文字"工具 T ，设置字体颜色为白色，在图形下方输入图 2-84 所示的英文字母。

图 2-83　绘制的黑色图形

图 2-84　输入的英文字母

（17）按 Shift+Ctrl+S 组合键，将当前文件另存为"标志设计.psd"。

项目实训二　"色彩范围"命令的应用

本实训将利用"选择"菜单下的"色彩范围"命令选择指定的图像并为其修改颜色，调整颜色前后的图像效果对比如图 2-85 所示。具体操作如下。

图 2-85　原图及调整颜色后的效果对比

微课

"色彩范围"
命令的应用

（1）打开"图库/项目二/鲜花.jpg"文件。

（2）执行"选择"/"色彩范围"命令，弹出"色彩范围"对话框。

（3）确认"色彩范围"对话框中的 按钮和"选择范围"单选按钮处于被选择状态，将鼠标指针移动到图像中图 2-86 所示的位置，并单击吸取色样。

（4）在"颜色容差"右侧的文本框中输入数值（或拖动其下方的滑块）调整选择的色彩范围，将其设置为 120，如图 2-87 所示。

（5）单击 确定 按钮，此时画面中生成的选区如图 2-88 所示。

图 2-86 吸取色样

图 2-87 设置的参数

图 2-88 生成的选区

知识提示

利用"色彩范围"命令创建的选区有多余的图像时，可灵活运用其他选区工具，结合属性栏中的 █ 按钮，将其删除。

（6）执行"视图"/"显示额外内容"命令（或按 Ctrl+H 组合键），将选区在画面中隐藏，这样方便观察颜色调整时的效果（此命令非常实用，读者要灵活掌握此项操作技巧）。

（7）执行"图像"/"调整"/"色相/饱和度"命令，在弹出的"色相/饱和度"对话框中设置参数，如图 2-89 所示。

（8）单击 █确定█ 按钮，按 Ctrl+D 组合键取消选区，调整后的鲜花颜色效果如图 2-90 所示。

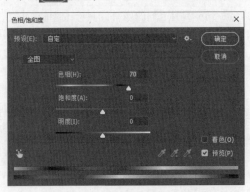
图 2-89 "色相/饱和度"对话框设置

图 2-90 调整颜色后的鲜花效果

（9）按 Shift+Ctrl+S 组合键，将此文件另存为"色彩范围应用.jpg"。

微课

图像的复制和粘贴

项目拓展一 图像的复制和粘贴

图像的复制和粘贴主要通过"剪切""拷贝""粘贴"等命令来实现，它们在实际工作中被频繁使用。在使用时要注意配合使用，如果要复制图像，就必须先将复制的图像通过"剪切"或"拷贝"命令保存到剪贴板上，再通过各种粘贴命令将剪贴板上的图像粘贴到指定的位置。本拓展任务介绍这些命令的使用方法。

- "剪切"命令：将图像中被选择的区域保存至剪贴板中，并删除原图像中被选择的图像，此命令适用于任何图形图像设计软件。
- "拷贝"命令：将图像中被选择的区域保存至剪贴板中，保留原图像，此命令适用于任何图形图像设计软件。
- "合并拷贝"命令：此命令主要用于图层文件，可以将选区中所有图层的内容复制到剪贴板中，在粘贴时，将其合并为一个图层进行粘贴。
- "粘贴"命令：将剪贴板中的内容作为一个新图层粘贴到当前图像文件中。
- "选择性粘贴"命令：包括"原位粘贴""贴入""外部粘贴"命令，运用这些命令可将图像粘贴至原位置、指定的选区内或选区以外。
- "清除"命令：将选区中的图像删除。

下面灵活运用"拷贝"和"贴入"命令来制作图 2-91 所示的卡通边框效果，具体操作如下。

（1）打开"图库/项目二/照片 03.jpg"文件，如图 2-92 所示。

（2）执行"选择"/"全部"命令（或按 Ctrl+A 组合键），将打开的图像选择，沿图像的边缘添加选区。

（3）执行"编辑"/"拷贝"命令（或按 Ctrl+C 组合键），将选区中的图像复制。

（4）打开"图库/项目二/卡通边框.jpg"文件，选择"魔棒"工具 ，在图像中心的白色区域单击，创建图 2-93 所示的选区。

图 2-91 制作的卡通边框效果

图 2-92 打开的图像文件

图 2-93 创建的选区

知识
提示

在利用"魔棒"工具 创建选区时，要注意属性栏中的"连续"复选框不要被勾选，否则会选择图像中的其他白色区域。

（5）执行"编辑"/"选择性粘贴"/"贴入"命令（或按 Alt+Shift+Ctrl+V 组合键），将复制的图像贴入选区中，此时的画面效果及"图层"面板如图 2-94 所示。

（6）选择"移动"工具 对图像的位置进行调整，使其中心部分显示在选区位置，效果如图 2-95 所示，完成制作。

（7）按 Shift+Ctrl+S 组合键，将此文件命名为"卡通相框.psd"并另存。

图 2-94　贴入图像效果及"图层"面板　　　　　图 2-95　制作的卡通边框效果

项目拓展二　对齐与分布功能的应用

对齐与分布功能可使选取的图像快速地以某个边缘对齐，或在指定的范围内平均分布。在实际工作过程中，可大大提高作图效率。本拓展任务介绍对齐与分布功能的使用方法。

（1）对齐操作：在"图层"面板中选择两个或两个以上的图层时，在"图层"/"对齐"子菜单中执行相应的命令，或单击"移动"工具 ⊕ 属性栏中相应的对齐按钮，即可将选择的图层顶对齐、垂直居中对齐、底对齐、左对齐、水平居中对齐或右对齐，效果如图 2-96 所示。

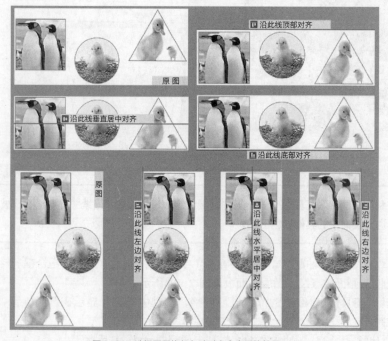

微课

对齐与分布
功能的应用

图 2-96　选择图层执行各种对齐命令后的效果

知识
提示

　　如果选择的图层中包含"背景"图层，其他图层中的内容将以"背景"图层为依据进行对齐。

　　（2）分布操作：在"图层"面板中选择 3 个或 3 个以上的图层时（不含"背景"图层），在"图层"/"分布"子菜单中执行相应的命令，或单击"移动"工具 ✛ 属性栏中相应的分布按钮，即可将选择的图层在垂直方向上按顶部边缘、垂直居中或底部边缘平均分布，或者在水平方向上按左边缘、水平居中和右边缘平均分布，效果如图 2-97 所示。

　　下面灵活运用对齐与分布功能，制作图 2-98 所示的宣传单，具体操作如下。

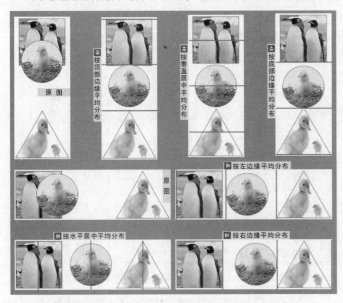

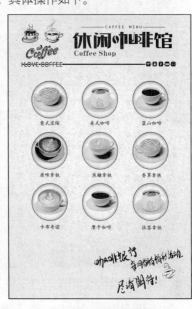

图 2-97　选择图层执行各种分布命令后的效果　　　　　图 2-98　制作的宣传单

　　（1）打开"图库/项目二/宣传单背景.jpg、咖啡.psd"文件，如图 2-99 所示。

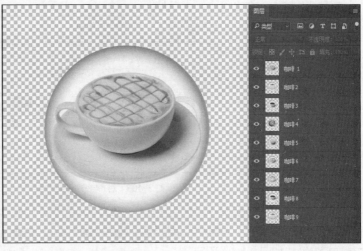

图 2-99　打开的图片

（2）单击"咖啡.psd"文件中的"咖啡 1"图层，将其设置为当前图层，按住 Shift 键单击"咖啡 3"图层，将"咖啡 1"～"咖啡 3"图层，同时选择，如图 2-100 所示。

（3）将选择的图像移动复制到"宣传单背景.jpg"文件中，按 Ctrl+T 组合键为其添加自由变换框，将其调整至图 2-101 所示的大小。

（4）按 Enter 键确认图片的大小调整，在"图层"面板中单击"咖啡 1"图层将其设置为当前图层，选择"移动"工具 ⊕ 将"咖啡 1"图层中的图像向左移动。

（5）在"图层"面板中单击"咖啡 3"图层将其设置为当前图层，选择"移动"工具 ⊕ 将"咖啡 3"图层中的图像向右移动，此时各图像位置如图 2-102 所示。

图 2-100　选择多个图层　　　　图 2-101　图像调整后的大小　　　　图 2-102　图像调整后的位置

（6）在"图层"面板中，将"咖啡 1"～"咖啡 3"图层同时选择，单击"移动"工具 ⊕ 属性栏中的 ⊪ 和 ⊪ 按钮，将各图层中的图像分别垂直居中对齐，并按水平居中进行平均分布，效果如图 2-103 所示。

图 2-103　对齐与分布后的效果

（7）将"咖啡 1"图层设置为当前图层，执行"图层"/"图层样式"/"描边"命令，在弹出的"图层样式"对话框中单击"颜色"选项后面的色块，将"颜色"设置为深红色（R:83,G:0,B:0），设置其他选项参数，如图 2-104 所示。

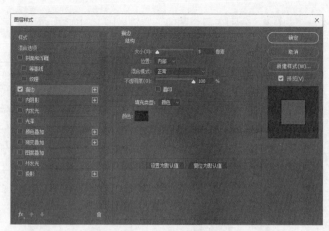

图 2-104 "图层样式"对话框设置

（8）单击 确定 按钮，图像描边后的效果如图 2-105 所示。

（9）在"图层"面板中，在"咖啡 1"图层上单击鼠标右键，在弹出的快捷菜单中执行"拷贝图层样式"命令。

（10）将"咖啡 2"和"咖啡 3"图层同时选择，并在选择的图层上单击鼠标右键，在弹出的快捷菜单中执行"粘贴图层样式"命令，各图像描边后的效果如图 2-106 所示。

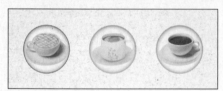

图 2-105 左边描边后的效果

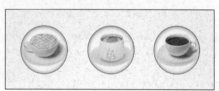

图 2-106 全部图像描边后的效果

此时的"图层"面板如图 2-107 所示。

（11）用与以上相同的操作方法，将"咖啡.psd"文件中的其他图像移动复制到"宣传单背景.jpg"文件中，并调整至图 2-108 所示的大小及位置。

图 2-107 "图层"面板

图 2-108 各图像调整后的大小及位置

（12）选择"文本"工具 **T**，分别在各个图像下方输入图 2-109 所示的文字。

（13）调整文字的位置，完成宣传单的制作，效果如图 2-110 所示。

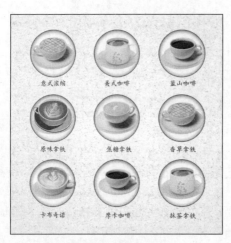

图 2-109　输入的文字

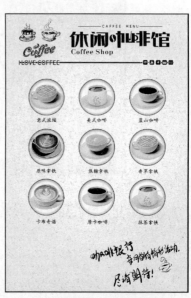

图 2-110　制作的宣传单效果

（14）按 Shift+Ctrl+S 组合键，将此文件命名为"咖啡馆菜单.psd"并保存。

习题

（1）在"图库/项目二/习题 1"文件夹中，打开"海报背景.jpg""饮料 1.jpg""饮料 2.jpg""饮料 3.jpg""饮料 4.jpg""饮料 5.jpg""饮料 6.jpg""饮料 7.jpg""文字 1.png""文字 2.png""文字 3.png""文字 4.png""文字 5.png"文件，如图 2-111 所示。灵活运用各种选区工具，选择素材图片中需要的图像，并制作出图 2-112 所示的广告效果。

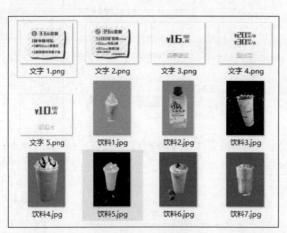

图 2-111　用到的素材图片

图 2-112　制作的广告效果

（2）在"图库/项目二/习题 2"文件夹中，打开"背景.jpg""窗框.jpg""江南.jpg""花.jpg"文件，如图 2-113 所示。灵活运用各种选区工具和移动复制等命令，对各素材图片进行组合，制作出图 2-114 所示的海报效果。

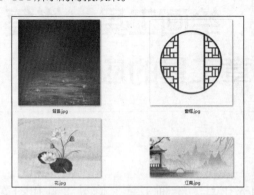

图 2-113　用到的素材图片　　　　　　　　　图 2-114　制作的海报效果

（3）在"图库/项目二/习题 3"文件夹中，打开"背景.jpg"文件和"平面展开图 2.jpg"文件，如图 2-115 所示。灵活运用图像变形操作方法，制作出图 2-116 所示的立体包装效果。

图 2-115　用到的素材图片　　　　　　　　　图 2-116　制作的立体包装效果

03

项目三
填充工具、绘画工具、修复
工具和图章工具的应用

工具箱中的填充工具、绘画工具、修复工具和图章工具是绘制和处理图像的主要工具：填充工具用于为图像或选区填充渐变颜色；绘画工具用于以不同样式的笔头进行绘制；修复工具和图章工具用于对照片中的人物、场景等进行美化或修复。这些工具都是在图像处理过程中经常用到的，本项目主要介绍这些工具的功能及使用方法。

知识技能目标

- 掌握"渐变"工具和"油漆桶"工具的应用；
- 掌握"画笔"工具和"铅笔"工具的应用；
- 了解"模糊"工具、"锐化"工具和"涂抹"工具的应用；
- 了解"减淡"工具、"加深"工具和"海绵"工具的应用；
- 掌握"修复画笔"工具和"修补"工具的应用；
- 掌握"仿制图章"工具和"图案图章"工具的应用；
- 掌握"历史记录画笔"工具和"历史记录艺术画笔"工具的应用。

任务一 填充工具的应用

本任务介绍填充工具的使用方法。

- "渐变"工具▧：使用此工具，可以在图像中创建渐变效果，根据产生的不同效果，可以分为"线性渐变""径向渐变""角度渐变""对称渐变""菱形渐变"5种。
- "油漆桶"工具▧：使用此工具，可以在图像中填充颜色或图案，它的填充范围是与单击处像素相同或相近的像素点。
- "3D 材质拖放"工具▧：使用此工具，可以为 3D 文字和 3D 模型填充纹理效果。

1. "渐变"工具的属性栏

合理地设置"渐变"工具▧的属性栏中的各个选项，可以根据要求填充渐变效果，"渐变"工具▧的属性栏如图 3-1 所示。

图 3-1 "渐变"工具的属性栏

- "点按可编辑渐变"下拉列表▧：单击颜色条部分，弹出"渐变编辑器"对话框，用于编辑渐变色；单击右侧的▾按钮，弹出"渐变选项"面板，用于选择已有的渐变选项。
- "模式"下拉列表：用来设置填充颜色与原图像所产生的混合效果。
- "不透明度"下拉列表：用来设置填充颜色的不透明度。
- "反向"复选框：勾选此复选框，在填充渐变色时将颠倒设置的渐变颜色排列顺序。
- "仿色"复选框：勾选此复选框，可以使渐变色之间的过渡更加柔和。
- "透明区域"复选框：勾选此复选框，"渐变编辑器"对话框中"渐变"选项的不透明度才会生效；否则，将不支持"渐变"选项中的透明效果。

2. 选择渐变样式

单击属性栏中▧右侧的▾按钮，弹出图 3-2 所示的"渐变样式"面板。该面板中显示了许多渐变样式的缩略图，在缩略图上单击即可选择该渐变样式。

单击"渐变样式"面板右上角的▧按钮，弹出面板菜单。该面板菜单中的部分命令是系统预设的一些渐变样式，选择相应命令后，在弹出的询问对话框中单击 追加(A) 按钮，即可将选择的渐变样式载入"渐变样式"面板中，如图 3-3 所示。

图 3-2 "渐变样式"面板

图 3-3 载入渐变样式

3. 设置渐变方式

"渐变"工具▧的属性栏中包括"线性渐变""径向渐变""角度渐变""对称渐变""菱形渐变"5 种渐变方式，当选择的渐变方式不同时，填充的渐变效果也不同。

- "线性渐变"按钮▧：单击该按钮，可以在画面中填充以鼠标指针拖曳的起点到终点为范围的线性渐变效果，如图 3-4 所示。

- "径向渐变"按钮■：单击该按钮，可以在画面中填充以鼠标指针的起点为中心，鼠标指针拖曳距离为半径的环形渐变效果，如图 3-5 所示。

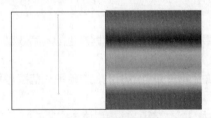

图 3-4　线性渐变效果

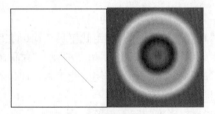

图 3-5　环形渐变效果

- "角度渐变"按钮■：单击该按钮，可以在画面中填充以鼠标指针起点为中心，自鼠标指针拖曳方向起旋转一周的锥形渐变效果，如图 3-6 所示。
- "对称渐变"按钮■：单击该按钮，可以产生以经过鼠标指针起点与拖曳方向垂直的直线为对称轴的轴对称直线渐变效果，如图 3-7 所示。

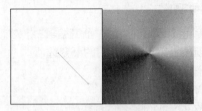

图 3-6　锥形渐变效果

图 3-7　直线渐变效果

- "菱形渐变"按钮■：单击该按钮，可以在画面中填充以鼠标指针的起点为中心，鼠标指针拖曳的距离为菱形角点的菱形渐变效果，如图 3-8 所示。

4. "渐变编辑器" 对话框

在"渐变"工具■属性栏中单击"点按可编辑渐变"按钮■的颜色条部分，将会弹出图 3-9 所示的"渐变编辑器"对话框。

图 3-8　菱形渐变效果

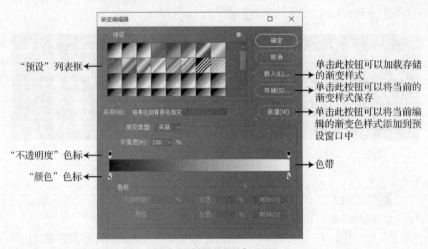

图 3-9　"渐变编辑器"对话框

- "预设"列表框：预设窗口中提供了多种渐变样式，单击缩略图即可选择该渐变样式。
- "渐变类型"下拉列表：此下拉列表中提供了"实底"和"杂色"两种渐变类型。
- "平滑度"下拉列表：此下拉列表用于设置渐变色过渡的平滑程度。
- "不透明度"色标：色带上方的色标称为不透明度色标，它可以根据色带上该位置的透明效果显示相应的灰色；当色带完全不透明时，"不透明度"色标显示为黑色；色带完全透明时，"不透明度"色标显示为白色。
- "颜色"色标：左侧的色标 📍，表示该色标使用前景色；右侧的色标 📍，表示该色标使用背景色；当色标显示为 📍 状态时，则表示使用的是自定义的颜色。
- "不透明度"下拉列表：当选择一个不透明度色标后，下方的"不透明度"下拉列表可用于设置该色标所在位置的不透明度。
- "位置"文本框：用于控制该色标在整个色带上的百分比位置。
- "颜色"文本框：当选择一个色标后，"颜色"色块显示的是当前使用的颜色，单击该颜色块或在色标上双击，可在弹出的"拾色器"对话框中设置色标的颜色；单击"颜色"色块右侧的 ▶ 按钮，可以在弹出的菜单中将色标设置为前景色、背景色或用户颜色。
- "位置"文本框：可以设置色标在整个色带上的百分比位置；单击 删除(D) 按钮，可以删除当前选择的色标；在需要删除的"颜色"色标上按住鼠标左键并向上或向下拖曳，可以快速删除"颜色"色标。

5. "油漆桶"工具

"油漆桶"工具 🪣 的属性栏如图 3-10 所示。

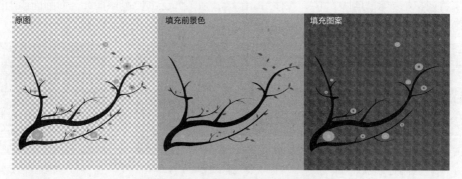

图 3-10 "油漆桶"工具的属性栏

- "设置填充区域的源"下拉列表 前景 ∨：用于设置向画面或选区中填充的内容，包括"前景"和"图案"两个选项；选择"前景"选项，向画面中填充的内容为工具箱中的前景色；选择"图案"选项，并在右侧的图案列表框中选择一种图案后，向画面中填充的内容为选择的图案，效果如图 3-11 所示。

图 3-11 原图、填充前景色和填充图案效果对比

- "容差"文本框：用于控制图像中填充颜色或图案的范围，数值越大，填充的范围越大，效果如图 3-12 所示。
- "连续的"复选框：勾选此复选框，利用"油漆桶"工具 🪣 填充时，只能填充与单击处颜色相近且相连的区域；若不勾选此复选框，则可以填充与单击处颜色相近的所有区域，效果如图 3-13 所示。

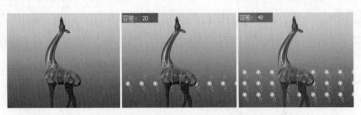

图 3-12　设置不同容差值时的填充效果对比

图 3-13　勾选"连续的"复选框前后的填充效果对比

- "所有图层"复选框：勾选此复选框，填充的范围是图像文件中的所有图层。

下面通过绘制小球图形来学习"渐变"工具■的用法，绘制的小球图形如图 3-14 所示，具体操作如下。

（1）按 Ctrl+N 组合键，新建一个"宽度"为 10 厘米、"高度"为 10 厘米、"分辨率"为 200 像素/英寸的新文件。

（2）单击前景色块，在弹出的"拾色器（前景色）"对话框中，将颜色设置为灰绿色（R:165，G:180,B:175），单击 确定 按钮。

（3）单击背景色块，在弹出的"拾色器（背景色）"对话框中，将颜色设置为深灰色（R:45，G:50,B:50），单击 确定 按钮。

（4）选择"渐变"工具■，单击属性栏中■■■■■■下拉列表框右侧的下拉按钮，在弹出的列表框中选择图 3-15 所示的渐变样式。

（5）将鼠标指针移动到文件中，按住 Shift 键，从下向上拖曳鼠标指针，为画面添加图 3-16 所示的渐变效果。

图 3-14　绘制的小球图形　　　图 3-15　选择渐变样式　　　图 3-16　添加的渐变效果

（6）单击"图层"面板底部的■按钮，在"图层"面板中新建一个图层"图层 1"。

（7）选择"椭圆选框"工具■，按住 Shift 键，在文件中拖曳鼠标指针，绘制出图 3-17 所示的圆形选区。

（8）将前景色设置为白色，背景色设置为绿色（R:150,G:190,B:10）。选择"渐变"工具■，并激活属性栏中的"径向渐变"按钮■。

（9）将鼠标指针移动到圆形选区中的左下方，按住鼠标左键并向右上方拖曳，效果如图 3-18 所示，释放鼠标左键后，填充的渐变效果如图 3-19 所示。

（10）单击属性栏中 ▭▭ 下拉列表框右侧的展开按钮，在弹出的列表框中选择"前景色到透明渐变"的渐变样式，激活"线性渐变"按钮 ▭。

（11）单击"图层"面板底部的 ▭ 按钮，新建一个图层"图层 2"，在选区的右上角按住鼠标左键自右上方向左下方拖曳，效果如图 3-20 所示。

图 3-17 绘制的圆形选区　　图 3-18 拖曳鼠标指针的效果　　图 3-19 填充的渐变效果　　图 3-20 拖曳鼠标指针的效果

（12）释放鼠标左键后，按 Ctrl+D 组合键取消选区，填充的渐变色效果如图 3-21 所示。

（13）新建"图层 3"，选择"椭圆选框"工具 ▭，绘制出图 3-22 所示的椭圆形选区，为其从上向下填充由黑色到透明的线性渐变效果。

（14）按 Ctrl+D 组合键取消选区，执行"滤镜"/"模糊"/"高斯模糊"命令，在弹出的"高斯模糊"对话框中设置模糊参数，如图 3-23 所示。

  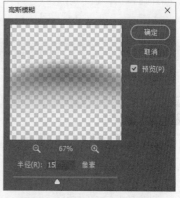

图 3-21 填充渐变色的效果　　图 3-22 绘制的椭圆形选区　　图 3-23 "高斯模糊"对话框设置

（15）单击 ▭ 按钮，制作的模糊效果如图 3-24 所示。

（16）执行"图层"/"排列"/"向后一层"命令，将"图层 3"调整至"图层 1"的下方。至此，小球绘制完成，整体效果如图 3-25 所示。

图 3-24 制作的模糊效果　　图 3-25 绘制的小球及阴影效果

（17）按 Ctrl+S 组合键，将此文件命名为"小球绘制.psd"并保存。

任务二　绘画工具的应用

绘画工具最主要的功能是绘制图像。灵活运用绘画工具，可以达成各种各样的图像效果，使设计者的思想最大限度地表现出来。本任务介绍绘画工具的使用方法。

1. 画笔工具组

画笔工具组中包括"画笔"工具 、"铅笔"工具 、"颜色替换"工具 和"混合器画笔"工具 ，这 4 个工具的主要功能是用来绘制图形和修改图像颜色。

- "画笔"工具 ：选择此工具，先在工具箱中设置前景色的颜色（即画笔的颜色），并在"画笔"对话框中选择合适的笔头，然后将鼠标指针移动到新建或打开的图像文件中单击并拖曳，即可绘制不同形状的图形或线条。
- "铅笔"工具 ：此工具与"画笔"工具 类似，也可以用来在图像文件中绘制不同形状的图形及线条；该工具的属性栏中多了一个"自动抹掉"选项，这是"铅笔"工具 所具有的特殊功能。
- "颜色替换"工具 ：用此工具可以对图像中的特定颜色进行替换，在工具箱中选择 工具，设置为图像要替换的颜色，在属性栏中设置"画笔"笔头、"模式"、"取样"、"限制"、"容差"等选项，在图像中要替换颜色的位置按住鼠标左键并拖曳，即可用设置的前景色替换鼠标指针拖曳位置的颜色。
- "混合器画笔"工具 ：此工具可以借助混色器画笔和毛刷笔尖，创建逼真、带纹理的笔触，轻松地创建独特的艺术效果。

（1）"画笔"工具 的属性栏如图 3-26 所示。

图 3-26　"画笔"工具的属性栏

- "画笔"下拉列表：用来设置画笔笔头的形状及大小，单击右侧的 按钮，会弹出图 3-27 所示的画笔设置面板。
- "切换画笔面板"按钮 ：单击此按钮，可弹出"画笔设置"面板。
- "模式"下拉列表：可以设置绘制的图像与原图像的混合模式。
- "不透明度"下拉列表：用来设置画笔绘画时的不透明度，可以直接输入数值，也可以通过单击右侧的 按钮并拖动弹出的滑块来调节，使用不同的数值绘制出的颜色效果如图 3-28 所示。

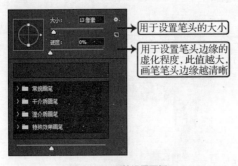

图 3-27　画笔设置面板

图 3-28　不同"不透明度"值绘制的颜色效果

- "流量"下拉列表：决定画笔在绘画时的压力大小，数值越大画出的颜色越深。
- "喷枪"按钮 ：激活此按钮，使用画笔绘画时，绘制的颜色会因鼠标指针的停留而向外扩展，画笔笔头的硬度越小，效果越明显。

（2）"画笔设置"面板。按 F5 键或单击属性栏中的 ![btn] 按钮，可打开图 3-29 所示的"画笔设置"面板。该面板由 3 部分组成，左侧主要用于选择画笔的属性，右侧用于设置画笔的具体参数，最下面是画笔的预览区域。先选择不同的画笔属性，然后在其右侧的参数设置区中设置相应的参数，可以将画笔设置为不同的形状。

（3）"铅笔"工具 ![btn] 的属性栏。"铅笔"工具 ![btn] 的属性栏中有一个"自动抹掉"复选框，这是"铅笔"工具 ![btn] 所具有的特殊功能。如果勾选了此复选框，在图像内与工具箱中的前景色相同的颜色区域绘画时，铅笔会自动擦除此处的颜色而显示背景色；如在与前景色不同的颜色区绘画时，将以前景色的颜色显示，效果如图 3-30 所示。

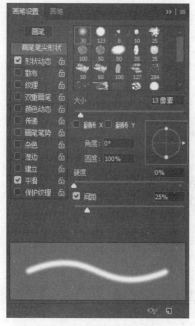

图 3-29 "画笔设置"面板

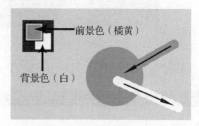

图 3-30 勾选"自动抹掉"复选框时用"铅笔"工具绘制的图形

（4）利用"颜色替换"工具 ![btn] 可以对特定的颜色进行快速替换，同时保留图像原有的纹理。颜色替换后的图像颜色与工具箱中当前的前景色有关，所以在使用该工具时，首先要在工具箱中设置需要的前景色，或按住 Alt 键在图像中直接设置色样，然后在属性栏中设置合适的选项，在图像中拖曳鼠标指针，即可改变图像的色彩效果，如图 3-31 所示。

图 3-31 颜色替换效果

"颜色替换"工具 ![btn] 的属性栏如图 3-32 所示。

图 3-32　"颜色替换"工具的属性栏

- "取样"按钮：用于指定替换颜色取样区域的大小；激活"连续"按钮 █，将连续取样来对拖曳鼠标指针经过的位置替换颜色；激活"一次"按钮 █，只替换第一次单击取样区域的颜色；激活"背景色板"按钮 █，只替换画面中包含有背景色的图像区域的颜色。
- "限制"下拉列表：用于限制替换颜色的范围；选择"不连续"选项，将替换出现在鼠标指针下任何位置的颜色；选择"连续"选项，将替换与紧挨鼠标指针下的颜色邻近的颜色；选择"查找边缘"选项，将替换包含取样颜色的连接区域，同时更好地保留图像边缘的锐化程度。
- "容差"下拉列表：指定替换颜色的精确度，此值越大替换的颜色范围越大。
- "消除锯齿"复选框：勾选此复选框，可以为替换颜色的区域指定平滑的边缘。

（5）"混合器画笔"工具 █ 的使用方法非常简单，选择 █ 工具，设置合适的笔头大小，并在属性栏中设置好各选项及参数后，在画面中拖动鼠标指针，即可将照片涂抹成油画或水粉画等效果。原图及利用"混合器画笔"工具 █ 进行处理后的绘画效果如图 3-33 所示。

图 3-33　原图及处理后的绘画效果

"混合器画笔"工具 █ 的属性栏如图 3-34 所示。

图 3-34　"混合器画笔"工具的属性栏

- "当前画笔载入"下拉列表 █：可重新载入画笔、清除画笔或载入需要的颜色，让它和涂抹的颜色进行混合。具体的混合效果可通过后面的设置进行调整。
- "每次描边后载入画笔"按钮 █、"每次描边后清理画笔"按钮 █：控制每一笔涂抹结束后是否更新和清理画笔，类似于在绘画时，一笔过后是否清洗画笔。
- 自定 下拉列表：单击此下拉列表框将弹出下拉列表，可以选择预先设置好的混合选项，当选择某一种选项时，右边的 4 个下拉列表会自动调节为预设值。
- "潮湿"下拉列表：设置从画布拾取的油彩量。
- "载入"下拉列表：设置画笔上的油彩量。
- "混合"下拉列表：设置颜色混合的比例。
- "流量"下拉列表：设置描边的流动速率。

2．其他编辑工具

（1）"模糊"工具、"锐化"工具和"涂抹"工具

利用"模糊"工具 █ 可以通过减小图像色彩反差来对图像进行模糊处理，从而使图像边缘变得模糊；"锐化"工具 █ 恰好相反，它是通过增大图像色彩反差来锐化图像，从而使图像色彩对比更强烈；"涂抹"工具 █ 主要用于涂抹图像，使图像产生类似于在未干的画面上用手指涂抹的效果。原图和经过模糊、锐化、涂抹后的效果如图 3-35 所示。

原图　　　　　　模糊效果　　　　　　锐化效果　　　　　　涂抹效果

图 3-35　原图和经过模糊、锐化、涂抹后的效果

这 3 个工具的属性栏基本相同，只是"涂抹"工具 的属性栏中多了一个"手指绘画"复选框，如图 3-36 所示。

图 3-36　"涂抹"工具的属性栏

- "模式"下拉列表：用于设置色彩的混合方式。
- "强度"下拉列表：此下拉列表中的参数用于调节对图像进行涂抹的程度。
- "对所有图层取样"复选框：不勾选此复选框，则只在当前图层取样；勾选此复选框，则可以在所有图层取样。
- "手指绘画"复选框：不勾选此复选框，则对图像进行涂抹只是移动图像中的像素和色彩；勾选此复选框，则相当于用手指蘸着前景色在图像中涂抹。

这几个工具的使用方法都非常简单，选择相应工具，在属性栏中选择适当的笔头大小及形状，然后将鼠标指针移动到图像文件中，按住鼠标左键并拖曳，即可处理图像。

（2）"减淡"工具和"加深"工具

利用"减淡"工具 可以对图像的阴影、中间色和高光部分进行提亮和加光处理，从而使图像变亮；用"加深"工具 则可以对图像的阴影、中间色和高光部分进行遮光和变暗处理。

这两个工具的属性栏完全相同，如图 3-37 所示。

图 3-37　"减淡"工具和"加深"工具的属性栏

- "范围"下拉列表：包括"阴影""中间调""高光" 3 个选项；选择"阴影"选项时，主要对图像暗部区域进行减淡或加深；选择"高光"选项，主要对图像亮部区域进行减淡或加深；选择"中间调"选项，主要对图像中间的灰色调区域进行减淡或加深。
- "曝光度"下拉列表：设置对图像减淡或加深处理时的曝光强度，数值越大，减淡或加深效果越明显。

（3）"海绵"工具

用"海绵"工具 可以对图像进行变灰或提纯处理，从而改变图像的饱和度。该工具的属性栏如图 3-38 所示。

图 3-38　"海绵"工具的属性栏

- "模式"下拉列表：主要用于控制"海绵"工具 的作用模式，包括"去色"和"加色"两个选项；选择"去色"选项，"海绵"工具 将对图像进行变灰处理以降低图像的饱和度；选择"加色"选项，"海绵"工具 将对图像进行加色以增加图像的饱和度。

- "流量"下拉列表：控制去色或加色处理时的强度，数值越大，效果越明显。

图像减淡、加深、去色和加色处理后的效果如图 3-39 所示。

图 3-39　原图和减淡、加深、去色、加色后的效果

下面通过一个简单的卡通画绘制，来练习"画笔"工具 和"渐变"工具 的使用方法，绘制的卡通画如图 3-40 所示，具体操作如下。

（1）执行"文件"/"新建"命令，在弹出的"新建"对话框中将"宽度"设置为 15 厘米，"高度"设置为 13.5 厘米，"分辨率"设置为 100 像素/英寸，单击 创建 按钮。

（2）单击"图层"面板底部的"创建新图层"按钮 ，在"图层"面板中新建一个图层"图层 1"。

（3）将前景色设置为天蓝色（R:86,G:144,B:189），选择"渐变"工具 ，在属性栏中 下拉列表处单击，在弹出的"渐变编辑器"对话框中选择图 3-41 所示的"前景色到透明渐变"样式，单击 确定 按钮。

图 3-40　绘制的卡通画

图 3-41　"渐变编辑器"对话框

（4）设置其属性栏中的其他选项及参数，如图 3-42 所示。

图 3-42　"渐变工具"的属性栏设置

（5）按住 Shift 键，在画面中按住鼠标左键从上向下拖曳鼠标指针填充渐变色，如图 3-43 所示，填充渐变色后的效果如图 3-44 所示。

（6）在属性栏中将"不透明度"设置为 30%，按住 Shift 键，在画面中从下向上拖曳鼠标指针填充渐变色，如图 3-45 所示，填充渐变色后的效果如图 3-46 所示。

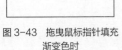

图 3-43 拖曳鼠标指针填充
渐变色时

图 3-44 填充渐变色后的
效果

图 3-45 拖曳鼠标指针填充
渐变色时

图 3-46 填充渐变色后的
效果

（7）选择"画笔"工具 ，并单击属性栏中的 按钮，弹出"画笔设置"面板，设置画笔"直径"大小，如图 3-47 所示。

（8）勾选"画笔设置"面板中的"纹理"复选框，单击右侧参数设置区中图案缩略图右侧的下拉按钮，打开图案列表。

（9）单击图案列表右上角的 按钮，在弹出的菜单中执行图 3-48 所示的图案命令。

图 3-47 设置的笔头大小

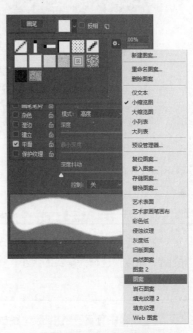

图 3-48 执行命令

（10）在弹出的图 3-49 所示的询问对话框中单击 确定 按钮，用选择的图案替换当前图案列表中的图案，在图案列表中选择图 3-50 所示的图案。

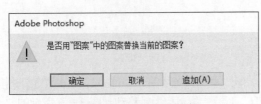

图 3-49 弹出的询问对话框

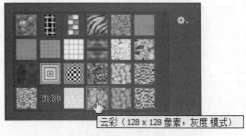

图 3-50 选择图案

（11）在"画笔设置"面板中勾选"纹理"复选框，右侧参数设置区中的设置如图 3-51 所示，单击面板右上角的 >> 按钮，隐藏"画笔设置"面板。

（12）设置属性栏中"不透明度"为 70%，在"图层"面板中新建一个图层"图层 2"，并将工具箱中的前景色设置为白色。

（13）在画面中按住鼠标左键并拖曳鼠标指针绘制白云，效果如图 3-52 所示。

图 3-51　设置的选项及参数

图 3-52　绘制白云效果

（14）设置不同大小的笔头及不透明度，在画面中依次拖曳鼠标指针，绘制出图 3-53 所示的白云效果。

在使用"画笔"工具 🖌 绘画时，保持英文输入法，按 [键，可以快速减小笔头的大小；按] 键，可以快速增大笔头的大小；按 Shift+[组合键或 Shift+] 组合键，可以快速减小或增大笔头的硬度。

（15）在"图层"面板中新建一个图层"图层 3"，选择"套索"工具 ⊘，在画面中绘制出图 3-54 所示的选区，作为绘制草地的区域。

图 3-53　绘制完成的白云效果

图 3-54　绘制出的选区

（16）按 Shift+F6 组合键，弹出"羽化选区"对话框，参数设置如图 3-55 所示，单击 确定 按钮。

（17）执行"窗口" / "色板"命令，打开"色板"面板，将鼠标指针移动到图 3-56 所示的"深黑黄绿"色块上单击，设置前景色为该颜色。

（18）按 Alt+Delete 组合键，为"图层 3"中的选区填充设置的颜色，按 Ctrl+D 组合键；取消选区。

（19）单击"图层"面板中的"锁定透明像素"按钮█，将"图层 3"中的透明像素锁定，在"色板"面板中选择图 3-57 所示的"黄绿"色作为前景色。

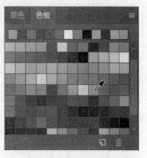

图 3-55 "羽化选区"对话框设置　　　　图 3-56 选择的颜色　　　　图 3-57 鼠标指针放置的位置

（20）选择"画笔"工具█，按 F5 键，调出"画笔设置"面板，取消勾选"纹理"复选框，单击"画笔笔尖形状"按钮，并设置右侧的选项及参数，如图 3-58 所示。

（21）关闭"画笔设置"面板，设置属性栏中"不透明度"为 20%。

（22）将鼠标指针移动到画面中，沿草地边缘按住鼠标左键并拖曳鼠标指针，喷绘出图 3-59 所示的绿色区域，作为绿色草地。

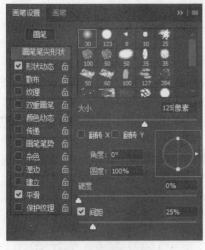

图 3-58 设置笔尖形状　　　　　　　图 3-59 绘制出的绿色草地

接下来利用"画笔"工具█绘制草地上的小草图形。

（23）按 F5 键，调出"画笔设置"面板，在画笔笔头列表选择小草形状的笔头，并设置选项和参数，如图 3-60 所示。

（24）勾选"画笔设置"面板中的"散布"复选框，设置右侧的选项及参数，如图 3-61 所示。

（25）在"图层"面板中新建"图层 4"，将前景色设置为深绿色。

（26）将鼠标指针移动到画面中的草地上拖曳，绘制出图 3-62 所示的小草图形。

（27）打开"图库/项目三/野餐.png、大树.jpg、小鸟.png"文件，如图 3-63 所示。

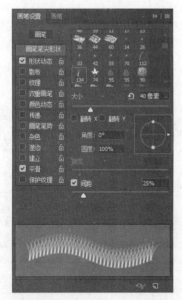

图 3-60   选择小草笔头并进行设置   图 3-61   "散布"设置

图 3-62   绘制出的小草图形   图 3-63   打开的素材文件

（28）选择"魔棒"工具 ，分别选择大树和野餐图像，利用"移动"工具 将其依次移动复制到绘制的儿童画场景中，执行"编辑"/"自由变换"命令，将其分别调整至图 3-64 所示的大小及位置。

（29）在"图层"面板中单击"图层 3"，将其设置为当前图层，选择"加深"工具 ，并将属性栏中"曝光度"设置为 20%。

（30）将鼠标指针移动到树下方的草地上，按住鼠标左键并拖曳，绘制出树的阴影，效果如图 3-65 所示。

图 3-64   调整图片的大小及位置   图 3-65   绘制的阴影效果

（31）分别选择 工具和"移动"工具 ，选择小鸟图像并将其移动复制到场景中，并调整至图 3-66 所示的大小及位置。

（32）执行"图层"/"排列"/"后移一层"命令，将"小鸟"图层调整至"云彩"图层的下面，效果如图 3-67 所示。

图 3-66　调整小鸟图像的大小及位置　　　　图 3-67　调整图层堆叠顺序后的效果

至此，卡通画绘制完成。

（33）按 Ctrl+S 组合键，将此文件命名为"卡通画.psd"并保存。

任务三　修复工具的应用

修复工具主要包括"污点修复画笔"工具、"修复画笔"工具、"修补"工具、"内容感知移动"工具和"红眼"工具，本任务介绍修复工具的使用方法。

* "污点修复画笔"工具：可以快速删除照片中的污点，尤其对人物面部的疤痕、雀斑等小面积内的缺陷修复最为有效，其修复原理是在所修饰图像位置的周围自动取样，然后将其与所修复位置的图像融合，得到理想的颜色匹配效果；其使用方法非常简单，选择"污点修复画笔"工具，在属性栏中设置合适的画笔大小和选项后，在图像的污点位置单击即可删除污点。

* "修复画笔"工具：该工具与"污点修复画笔"工具的修复原理基本相似，都是将没有缺陷的图像部分与被修复位置有缺陷的图像进行融合后得到理想的匹配效果；但使用"修复画笔"工具时需要先设置取样点，即按住 Alt 键在取样点位置单击（单击的位置为复制图像的取样点），释放 Alt 键，在需要修复的图像位置按住鼠标左键拖曳，即可对图像中的缺陷进行修复，并使修复后的图像与取样点位置图像的纹理、光照、阴影和不透明度相匹配，从而使修复后的图像不留痕迹地融入图像中。

* "修补"工具：可以用图像中相似的区域或图案来修复有缺陷的部位或制作合成效果；与"修复画笔"工具一样，"修补"工具会将设置的样本纹理、光照和阴影与被修复图像区域进行混合以得到理想的效果。

* "内容感知移动"工具：利用此工具移动选择的图像，释放鼠标左键后，系统会自动合成移动效果。

* "红眼"工具：在夜晚或光线较暗的房间里拍摄人物照片时，由于视网膜的反光作用，往往会出现红眼效果，利用"红眼"工具可以迅速地修复这种红眼效果；其使用方法非常简单，选择"红眼"工具，在属性栏中设置合适的"瞳孔大小"和"变暗量"参数后，在人物的红眼位置单击即可矫正红眼。

（1）"污点修复画笔"工具的属性栏如图 3-68 所示。

图 3-68　"污点修复画笔"工具的属性栏

- "类型"选项：选择"近似匹配"选项，将自动选择相匹配的颜色来修复图像的缺陷；选择"创建纹理"选项，在修复图像缺陷后会自动生成一层纹理。
- "对所有图层取样"复选框：勾选此复选框，可以在所有可见图层中取样；不勾选此复选框，则只能在当前图层中取样。

（2）"修复画笔"工具的属性栏如图 3-69 所示。

图 3-69 "修复画笔"工具的属性栏

- "源"选项：选择"取样"选项，按住 Alt 键在适当的位置单击，可以将该位置的图像定义为取样点，以便用定义的样本来修复图像；选择"图案"选项，单击其右侧的图案按钮，在打开的图案列表中选择一种图案来与图像混合，即可得到图案混合的修复效果。
- "对齐"复选框：勾选此复选框，将进行规则图像的复制，即多次单击或拖曳鼠标指针，最终复制出一个完整的图像，若想再复制一个相同的图像，必须重新取样；若不勾选此复选框，则可进行不规则复制，即多次单击或拖曳鼠标指针，每次都会在相应位置复制一个新图像。
- "样本"下拉列表：选择"当前图层"选项时，是在当前图层中取样；选择"当前和下方图层"选项时，是从当前图层及其下方图层中的所有可见图层中取样；选择"所有图层"选项时，是从所有可见图层中取样；如激活右侧的"忽略调整图层"按钮，将从调整图层以外的可见图层中取样，选择"当前图层"选项时此按钮不可用。

（3）"修补"工具的属性栏如图 3-70 所示。

图 3-70 "修补"工具的属性栏

- "修补"选项：选择"源"选项，将用图像中指定位置的图像来修复选区内的图像，即将鼠标指针放置在选区内，将其拖曳到用来修复图像的指定区域，释放鼠标左键后会自动用指定区域的图像来修复选区内的图像；选择"目标"选项，将用选区内的图像修复图像中的其他区域，即将鼠标指针放置在选区内，将其拖曳到需要修补的位置，释放鼠标左键后会自动用选区内的图像来修复鼠标左键释放处的图像。
- "透明"复选框：勾选此复选框，在复制图像时，复制的图像将产生透明效果；不勾选此复选框，复制的图像将覆盖原来的图像。
- 使用图案 按钮：创建选区后，在右侧的图案列表中选择一种图案类型，然后单击此按钮，可以用指定的图案修补源图像。

（4）"内容感知移动"工具的属性栏如图 3-71 所示。

图 3-71 "内容感知移动"工具的属性栏

- "模式"下拉列表：用于设置图像在移动过程中是移动还是复制。
- "结构"下拉列表：用于设置图像合成的程度。

（5）"红眼"工具的属性栏如图 3-72 所示。

图 3-72 "红眼"工具的属性栏

- "瞳孔大小"下拉列表：用于增大或减小受红眼工具影响的区域。
- "变暗量"下拉列表：用于设置矫正的暗度。

下面利用"修补"工具 ⬡ 和"修复画笔"工具 ✏ 来删除照片中多余的路人。原图与处理后的效果如图 3-73 所示，具体操作如下。

图 3-73　原图与处理后的效果

（1）打开"图库/项目三/晨练.jpg"文件，如图 3-74 所示。

（2）选择"修补"工具 ⬡，选择属性栏中的 源　目标 选项，在照片背景中的路人位置拖曳鼠标指针绘制选区，效果如图 3-75 所示。

图 3-74　打开的图片　　　　　　　　图 3-75　绘制的选区

（3）在选区内按住鼠标左键向右侧拖曳，效果如图 3-76 所示，释放鼠标左键，即可利用选区移动到位置的背景图像覆盖路人躯干图像。修复后的效果如图 3-77 所示。

图 3-76　修复时的效果　　　　　　　图 3-77　修复后的效果

（4）用相同的方法选择剩下的路人手图像，并用其左侧的背景图像覆盖，效果如图 3-78 所示。

（5）选择"缩放"工具 🔍，将黑衣路人的区域放大，选择"多边形套索"工具 ⬦，并根据黑衣路人的轮廓绘制出图 3-79 所示的选区，注意与主体人物相交处的选区绘制。

（6）选择"修补"工具 ⬡，将鼠标指针放置到选区中，按住鼠标左键并向左移动，效果如图 3-80 所示，释放鼠标左键后，选区的图像即被替换，效果如图 3-81 所示。

由于利用"修补"工具 ⬡ 修复图像的原理是利用目标图像来覆盖被修复的图像，并且经过颜色重新匹配混合后得到混合效果，因此，有时会出现只修复一次不能得到理想效果的情况，这时可重复修复几次或利用其他工具进行弥补。

图 3-78　完全修复左边路人图像后的效果

图 3-79　绘制的选区

图 3-80　修复时的效果

图 3-81　修复后的效果

可以看到，在背景处，经过混合相邻的像素，细节上出现了不连贯的现象。下面利用"修复画笔"工具 ▨ 来进行处理。

（7）选择"修复画笔"工具 ▨，设置合适的笔头大小后，按住 Alt 键将鼠标指针移动到图 3-82 所示的位置并单击，拾取此处的像素。

（8）将鼠标指针移动到需要修复的位置，按住鼠标左键并拖曳，效果如图 3-83 所示，释放鼠标左键，即可修复。

图 3-82　吸取像素的位置

图 3-83　修复时的效果

（9）用与步骤（7）、步骤（8）相同的方法对背景中其他不连贯的像素进行修复。

（10）重复以上步骤，将背景中其他路人去除，效果如图 3-84 所示。

（11）最终效果如图 3-85 所示。按 Shift+Ctrl+S 组合键，将此文件另存为"修复图像.jpg"。

图 3-84　去除其他路人

图 3-85　图像修复后的最终效果

任务四　图章工具的应用

图章工具包括"仿制图章"工具 和"图案图章"工具 ，本任务介绍图章工具的使用方法。

• "仿制图章"工具 ：用于复制和修复图像，它通过在图像中按照设置的取样点来覆盖原图像或将取样点应用到到其他图像中来完成图像的复制操作。"仿制图章"工具 的使用方法为：选择"仿章工具"工具 后，先按住 Alt 键在图像中的取样点位置单击（单击的位置为复制图像的取样点），然后释放 Alt 键，将鼠标指针移动到需要修复的图像位置，按住鼠标左键并拖曳，即可对图像进行修复。如要在两个文件之间复制图像，两个图像文件的颜色模式必须相同，否则不能执行复制操作。

• "图案图章"工具 ：用于快速地复制图案，图案素材可以从属性栏中的"图案选项"面板中选择，也可以自定义图案使用。"图案图章"工具 的使用方法为：选择"图案图章"工具 后，根据用户需要在属性栏中设置"画笔""模式""不透明度""流量""图案""对齐""印象派效果"等选项和参数，然后在图像中按住鼠标左键并拖曳即可。

（1）"仿制图章"工具 的属性栏如图 3-86 所示。

图 3-86　"仿制图章"工具的属性栏

该工具的属性栏与"修复画笔"工具 的属性栏相同，在此不再赘述。

（2）"图案图章"工具 的属性栏如图 3-87 所示。

图 3-87　"图案图章"工具的属性栏

• "图案"下拉列表 ：单击此下拉列表，弹出"图案选项"面板，在此面板中可选择用于复制的图案。

• "印象派效果"复选框：勾选此复选框，可以绘制随机产生的印象色块。

（3）定义图案。定义图案的具体操作为：在图像上使用"矩形选框"工具 选择要作为图案的区域，执行"编辑"/"定义图案"命令，在弹出的"图案名称"对话框中输入图案的名称，单击 确定 按钮，即可将选区内的图像定义为图案。此时，"图案选项"面板中会显示定义的新图案。

　　也可以不绘制矩形选区，直接将图像定义为图案，这样定义的是包含图像中所有图层内容的图案。另外，在利用"矩形选框"工具选择图像时，必须将属性栏中的"羽化"值设置为 0 像素，如果羽化值不为 0 像素，则"定义图案"命令不可用。

1. "仿制图章"工具的应用

下面利用"仿制图章"工具 来处理图像，调整图像中的物品位置，效果如图 3-88 所示，具体操作如下。

（1）打开"图库/项目三/橙汁.jpg"文件。

（2）选择"仿制图章"工具 ，按住 Alt 键，将鼠标指针移动到图 3-89 所示的勺子上，单击设置取样点。将笔头大小设置为 200 像素，勾选"对齐"复选框。

（3）将鼠标指针水平向右移动到大约和取样点相同高度的位置，按住鼠标左键并拖曳，此时将按照设置的取样点来复制勺子图像，效果如图 3-90 所示。

图 3-88　原图及处理后的效果

图 3-89　设置取样点的位置

图 3-90　复制图像时的效果

（4）拖曳鼠标指针复制出勺子的全部图像，效果如图 3-91 所示。

（5）选择"修补"工具 ，将原先的勺子去除，效果如图 3-92 所示。

（6）按 Ctrl+D 组合键取消选区，完成图像的处理。

（7）按 Shift+Ctrl+S 组合键，将此文件另存为"调整图像.jpg"。

图 3-91　复制出的全部勺子图像

图 3-92　去除原先的勺子

2．"图案图章"工具的应用

下面利用"图案图章"工具 来制作图 3-93 所示的图案效果，具体操作如下。

（1）打开"图库/项目三/花纹.png"文件，如图 3-94 所示。

图 3-93　复制出的图案效果

图 3-94　选择的图案

（2）执行"编辑"/"定义图案"命令，在弹出的图 3-95 所示的"图案名称"对话框中单击 确定 按钮，将该图像定义为图案。

（3）新建一个"宽度"为 25 厘米、"高度"为 20 厘米、"分辨率"为 120 像素/英寸、"颜色模式"为 RGB 颜色、"背景内容"为白色的文件。

（4）选择"图案图章"工具 ，单击属性栏中的 按钮，在弹出的"图案选项"面板中选择图 3-96 所示的图案，勾选属性栏中的 对齐 复选框。

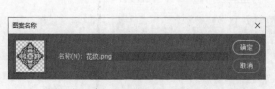

图 3-95 "图案名称"对话框   图 3-96 选择的图案

（5）新建"图层 1"，在"图案图章"工具 属性栏中设置好画笔的直径后在画面中按住鼠标左键并拖曳复制图案，复制出的图案如图 3-97 所示。

（6）将"背景"图层设置为当前图层，并为其填充淡黄色（R:255,G:238,B:212），效果如图 3-98 所示。

图 3-97 复制出的图案   图 3-98 填充颜色后的效果

（7）按 Ctrl+S 组合键，将此文件命名为"复制图案.jpg"并保存。

项目实训　人物面部美容

本实训将灵活运用各种修复工具，对人物的面部进行美容，原图及处理后的效果如图 3-99 所示，具体操作如下。

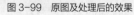

图 3-99 原图及处理后的效果

（1）打开"图库/项目三/人物.jpg"文件。

（2）选择"缩放"工具 🔍 ，在人物面部的左上角按住鼠标左键向右下角拖曳，将人物面部的图像局部放大。

（3）选择"修复画笔"工具 🖊️ ，将鼠标指针移动到图 3-100 所示的痘痘位置单击，将面部的痘痘修复，效果如图 3-101 所示。

（4）按[键或]键可以快速地减小或增大"修复画笔"工具 🖊️ 的笔头。设置适当大小的笔头，继续选择"修复画笔"工具 🖊️ ，修复人物面部中的痘痘，效果如图 3-102 所示。

（5）选择"索套"工具 ⊘ ，在眼睛的下方位置绘制出图 3-103 所示的选区。

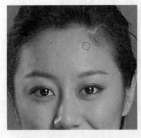   

图 3-100 单击的位置　　图 3-101 修复后的效果（1）图 3-102 修复后的效果（2）　　图 3-103 绘制的选区

（6）选择"修补"工具 ⚙️ ，在其属性栏中选择"源"选项。将鼠标指针移动到选区内，按住鼠标左键向下拖动，即可用下边的图像替换选区内的图像，效果如图 3-104 所示。

（7）使用目标位置图像覆盖选区中的图像，效果如图 3-105 所示，按 Ctrl+D 组合键，取消选区。

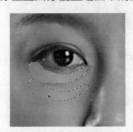 

图 3-104 替换选区内图像时的效果　　　　　　图 3-105 修复后的效果（3）

（8）选择"修复画笔"工具 🖊️ ，在属性栏中选择 取样 图案 选项，按住 Alt 键将鼠标指针移动到图 3-106 所示的位置单击，设置取样点。

（9）释放 Alt 键，在眼睛下方按住鼠标左键并拖曳，修复眼袋，修复时及修复后的效果如图 3-107 所示。

（10）用与步骤（5）～步骤（9）相同的方法，继续选择"修复画笔"工具 🖊️ ，对人物右侧眼袋进行修复，在修复过程中根据需要设置取样点，修复后的效果如图 3-108 所示。

 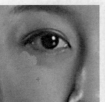 

图 3-106 鼠标指针单击的位置　　图 3-107 修复眼袋时及修复后的效果　　　图 3-108 修复后的效果（4）

至此，人物面部美容已经完成，下面对人物的皮肤进行调亮处理。

（11）在"图层"面板中单击下方的 ◉ 按钮，在弹出的列表中选择"曲线"选项，在弹出的"属性"面板中，将鼠标指针移动到曲线中间的位置，按住鼠标左键并稍微向上拖曳，对图像进行调整，曲线形态及调亮后的效果如图 3-109 所示。

图 3-109　曲线形态及调亮后的效果

（12）单击"属性"面板上方的 ◉ 按钮，为调整图层添加图层蒙版，将前景色设置为黑色，并选择"画笔"工具 ✏ 沿除皮肤以外的图像涂抹，恢复其之前的色调，涂抹后的"图层"面板及画面效果如图 3-110 所示。

图 3-110　"图层"面板及处理后的画面效果

（13）按 Shift+Ctrl+S 组合键，将文件命名为"面部美容.jpg"并保存。

项目拓展　历史画笔工具的应用

微课

历史画笔工具
的应用

历史画笔工具包括"历史记录画笔"工具 ✏ 和"历史记录艺术画笔"工具 ✐。"历史记录画笔"工具 ✏ 的主要功能是恢复图像。"历史记录艺术画笔"工具 ✐ 的主要功能是用不同的色彩和艺术风格模拟绘画的纹理，以此对图像进行处理。本拓展任务介绍这两种工具的使用方法。

（1）"历史记录画笔"工具

"历史记录画笔"工具 ✏ 是一个恢复图像历史记录的工具，可以将编辑后的图像恢复到在"历史记录"面板中设置的历史恢复点所处状态。当图像文件被编辑后，选择"历史记录画笔"工具 ✏，在属性栏中设置好笔尖大小、形状和"历史记录"面板中的历史恢复点，将鼠标指针移动到图像文件中，按住鼠标左键并拖曳，即可将图像恢复至历史恢复点所处状态。注意，使用此工具之前，不能对图像文件进行图像大小的调整。

"历史记录画笔"工具 ⚏ 的属性栏如图 3-111 所示，这些选项在前面介绍其他工具时已经全部讲过了，此处不再赘述。

图 3-111　"历史记录画笔"工具的属性栏

（2）"历史记录艺术画笔"工具

利用"历史记录艺术画笔"工具 ⚏ 可以给图像加入绘画风格的艺术效果，表现出一种画笔的笔触质感。选择此工具，在图像上拖曳鼠标指针即可完成艺术图像制作。

"历史记录艺术画笔"工具 ⚏ 的属性栏如图 3-112 所示。

图 3-112　"历史记录艺术画笔"工具的属性栏

- "样式"下拉列表：设置"历史记录艺术画笔"工具 ⚏ 的艺术风格，选择各种艺术风格选项，绘制的图像效果分别如图 3-113 所示。

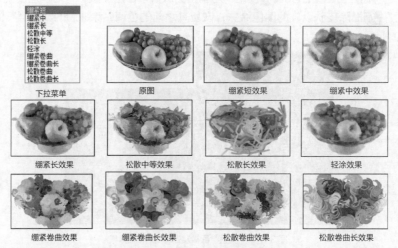

图 3-113　选择不同的艺术风格产生的不同效果

- "区域"选项：指应用"历史记录艺术画笔"工具 ⚏ 所产生艺术效果的感应区域。数值越大，产生艺术效果的区域越大；反之，区域越小。
- "容差"选项：限定原图像色彩的保留程度。数值越大，图像色彩与原图越接近。

下面灵活运用"历史记录艺术画笔"工具 ⚏ 来将图像制作成油画效果，原图及制作的油画效果如图 3-114 所示，具体操作如下。

图 3-114　原图及制作的油画效果

（1）打开"图库/项目三/照片.jpg"文件。

（2）按 Ctrl+J 组合键，将"背景"图层复制生成"图层 1"，选择"历史记录艺术画笔"工具，并设置属性栏中的选项及参数，如图 3-115 所示。

图 3-115　"历史记录艺术画笔"工具的属性栏设置

（3）在画面中按住鼠标左键并拖曳，将画面描绘成图 3-116 所示的效果。

（4）打开素材文件中名为"油画.jpg"文件，如图 3-117 所示。

图 3-116　描绘后的画面效果　　　　　　图 3-117　打开的图片

（5）将油画图像移动复制到"照片.jpg"文件中，生成"图层 2"，按 Ctrl+T 组合键，为复制的图片添加自由变换框，并将其调整至图 3-118 所示的形态，按 Enter 键，确认图片的变换操作。

（6）将"图层 2"的"图层混合模式"设置为柔光，更改混合模式后的效果如图 3-119 所示。

图 3-118　调整后的图片形态　　　　　　图 3-119　更改混合模式后的效果

（7）按 Ctrl+U 组合键，在弹出的"色相/饱和度"对话框中设置参数，如图 3-120 所示，单击　确定　按钮，调整后的图像效果如图 3-121 所示。

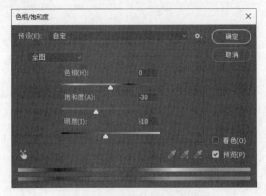

图 3-120　"色相/饱和度"对话框设置　　　　　　图 3-121　调整后的图像效果

（8）按 Shift+Ctrl+S 组合键，将文件另存为"油画效果.psd"。

习题

（1）打开"图库/项目三/习题 1/背景.jpg、电脑.png"文件，灵活运用选区工具及本项目学习的"渐变"工具█和"画笔"工具██，制作出图 3-122 所示的合成图像。

（2）打开"图库/项目三/习题 2/沙滩游玩.jpg"文件，用本项目介绍的修复工具对其进行修复，消除海边多余的路人，原图与修复后的效果对比如图 3-123 所示。

图 3-122　制作的合成图像

图 3-123　原图与修复后的效果对比

04

项目四
路径和矢量图形工具的应用

由于使用路径和矢量图形工具可以绘制较为精细的图形，且易于操作，因此在实际工作中它们被广泛应用。路径的功能非常强大，特别是在特殊图像的选择与复杂图案的绘制方面，路径工具具有较强的灵活性。本项目主要介绍路径工具和矢量图形工具，以及各种编辑路径的工具。

知识技能目标

- 掌握路径的构成；
- 掌握"钢笔"工具的应用；
- 掌握"自由钢笔"工具的应用；
- 掌握"弯度钢笔"工具的应用；
- 掌握"添加锚点"工具和"删除锚点"工具的应用；
- 掌握"转换点"工具的应用；
- 掌握"路径选择"工具的应用；
- 掌握"直接选择"工具的应用；
- 掌握"路径"面板的应用；
- 掌握各种矢量图形工具的应用。

任务一　选择背景中的人物

路径工具是一种矢量绘图工具，主要包括"钢笔"工具 ✐、"自由钢笔"工具 ✐、"弯度钢笔"工具 ✐、"添加锚点"工具 ✐、"删除锚点"工具 ✐、"转换点"工具 ⊿、"路径选择"工具 ▸ 和"直接选择"工具 ▸，利用这些工具可以精确地绘制直线或光滑的曲线路径，并可以对它们进行精确的调整。本任务介绍如何使用路径工具选择背景中的人物。

路径是由一条或多条线段、曲线组成的，每一段都有锚点标记，通过编辑路径的锚点，可以很方便地改变路径的形状。路径的构成说明图如图 4-1 所示。其中角点和平滑点都属于路径的锚点，选择的锚点显示为实心方形，而未选择的锚点显示为空心方形。

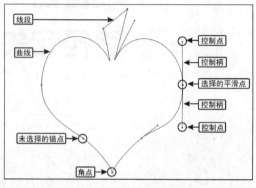

图 4-1　路径构成说明图

在路径上，每个选择的锚点将显示一条或两条控制柄，控制柄以控制点结束。控制柄和控制点的位置决定线段和曲线的长短和形状，移动这些元素将改变路径中线段和曲线的长短和形状。

知识
提示

　　　　路径不是图像中的真实像素，而只是一种矢量绘图工具绘制的线形或图形，对图像进行放大或缩小调整时，路径不会产生影响。

1.　工具简介

● "钢笔"工具 ✐：利用此工具依次在画面中单击，可以创建直线路径；拖曳鼠标指针可以创建平滑、流畅的曲线路径；将鼠标指针移动到第一个锚点上，当鼠标指针变成 ◦。形状时单击，可创建闭合路径；在未闭合路径之前按住 Ctrl 键在路径外单击，可完成开放路径的绘制。在绘制直线路径时，按住 Shift 键，可以以 45° 为增量绘制路径；在绘制曲线路径时，确定锚点后，按住 Alt 键拖曳鼠标指针可以调整控制点。释放 Alt 键和鼠标左键，重新移动鼠标指针至合适的位置并拖曳，可创建锐角的曲线路径。

● "自由钢笔"工具 ✐：选择此工具，在图像文件中按住鼠标左键并拖曳，系统沿着鼠标指针的移动轨迹自动添加锚点生成路径。当鼠标指针回到起始位置时，鼠标指针右下角会出现一个小圆圈，此时释放鼠标左键即可创建闭合钢笔路径。在鼠标指针回到起始位置之前释放鼠标左键可以绘制一条开放路径；按住 Ctrl 键释放鼠标左键，可以在当前位置和起点之间生成一条线段，从而让路径闭合。另外，在绘制路径的过程中，按住 Alt 键单击，可以绘制直线路径；拖曳鼠标指针可以绘制自由路径。

● "弯度钢笔"工具 ✐：选择此工具，可绘制平滑曲线和直线段。此工具可以创建自定义形状或定义精确的路径，以便优化图像。在执行该操作的时候，无须切换工具就能创建、切换、编辑、添加或删除平滑点或角点。在放置锚点的时候，如果希望路径的下一段变弯曲，只需单击一次。如果接下来要绘制直线段则双击。系统会相应地创建平滑点或角点。若需将平滑锚点转换为角点（或反之），可直接双击该锚点。若需要移动锚点，则只需拖曳该锚点。若需要删除锚点，则只需单击该锚点，然后按 Delete 键。在删除锚点后，曲线将被保留下来并根据剩余的锚点进行适当的调整。若通过拖动锚点的方式调整曲线路径时，系统会自动地修改相邻的路径（类似于橡皮带效果）。要引入其他锚点，只需单击路径的中部。

- "添加锚点"工具 ：选择此工具，将鼠标指针移动到要添加锚点的路径上，当鼠标指针变成 形状时单击，即可在单击处添加锚点，此时不会更改路径的形状。若单击的同时拖曳鼠标指针，可在单击处添加锚点并更改路径的形状。

- "删除锚点"工具 ：选择此工具，将鼠标指针移动到要删除的锚点上，当鼠标指针变成 形状时单击，即可将该锚点删除，此时路径的形状将重新调整以适应其余的锚点。在路径的锚点上单击并拖曳鼠标指针，可重新调整路径的形状。

- "转换点"工具 ：选择此工具，可以使锚点在角点和平滑点之间切换，并可以调整控制柄的长度和方向，以确定路径的形状。将鼠标指针放置到角点上，按住鼠标左键并拖曳，可将角点转换为平滑点；将鼠标指针放置到平滑点上单击，可将平滑点转换为角点。另外，利用此工具调整带控制柄锚点一侧的控制点，可以调整锚点一侧的曲线路径形状；按住 Ctrl 键，可以同时调整锚点两侧的路径形状；按住 Ctrl 键在锚点上拖曳鼠标指针，可以移动该锚点的位置。

- "路径选择"工具 ：此工具主要用于编辑整个路径，包括选择、移动、复制、变换、组合、对齐和分布等。在使用其他路径工具时，按住 Ctrl 键并将鼠标指针移动到路径上，可暂时切换为"路径选择"工具 。利用"路径选择"工具 单击路径，路径上的锚点将显示为黑色，表示该路径被选择；若要选择多个路径，可以按住 Shift 键依次单击路径，将多个路径同时选择。另外，按住鼠标左键并拖曳鼠标指针，可以将选择框接触到的路径全部选择。在选择的路径上按住鼠标左键并拖曳，路径将随鼠标指针移动，释放鼠标左键后即可将其移动到一个新位置；移动路径时，若按住 Alt 键，鼠标指针右下角会出现一个"+"符号，此时拖曳鼠标指针，可复制路径。利用"路径选择"工具 将路径拖曳到另一幅图像文件中，待鼠标指针变成 形状时释放鼠标左键，即可将该路径复制到其他文件中。

- "直接选择"工具 ：此工具用于编辑路径中的锚点和线段。利用"直接选择"工具 在锚点上单击，可将其选择，锚点被选择后将显示为黑色；按住 Shift 键依次单击其他锚点，可以同时选择多个锚点。按住 Alt 键在路径上单击，可以选择整条路径。另外，在要选择的锚点周围拖曳鼠标指针，可以将选择框包含的锚点选择；利用"直接选择"工具 选择锚点，然后按住鼠标左键并拖曳，可将锚点移动到新的位置。利用"直接选择"工具 拖曳两个锚点之间的路径，可改变路径的形状。

2. **路径工具的使用**

使用路径工具，可以轻松绘制出各种形式的矢量图形和路径，具体绘制图形还是路径，取决于属性栏中的选项。

- 形状 选项：选择此选项，可以创建用前景色填充的图形，同时在"图层"面板中自动生成包括图层缩览图和矢量蒙版缩览图的形状图层，并在"路径"面板中生成矢量蒙版。双击图层缩览图可以修改形状的填充颜色。当路径的形状调整后，填充的颜色及添加的效果会一起发生变化。

- 路径 选项：选择此选项，可以创建普通的工作路径，此时"图层"面板中不会生成新图层，仅在"路径"面板中生成工作路径。

- 像素 选项：选择此选项，可以绘制用前景色填充的图形，但不在"图层"面板中生成新图层，也不在"路径"面板中生成工作路径。注意，使用"钢笔"工具 时，此选项显示为灰色，只有在使用矢量形状工具时才可用。

3. **属性栏**

（1）"钢笔"工具的属性栏

在属性栏中选择不同的绘制类型时，属性栏中的其他选项也不同。当选择 路径 选项时，"钢笔"工具 的属性栏如图 4-2 所示。

图 4-2 "钢笔"工具的属性栏

● "建立"选项：选择此选项，可以使路径与选区、蒙版和形状间的转换更加方便、快捷。绘制完路径后，右侧的按钮才变得可用。单击 选区… 按钮，可将当前绘制的路径转换为选区；单击 蒙版 按钮，可创建图层蒙版；单击 形状 按钮，可将绘制的路径转换为形状图形，并用当前的前景色填充。

注意， 蒙版 按钮只有在普通图层上绘制路径后才可用，如在"背景"图层或形状图层上绘制路径，该按钮显示为灰色。

● "路径操作"按钮 ⬚：单击此按钮，在弹出的下拉列表中选择选项，可对路径进行新建图层、合并形状、减去顶层形状、与形状区域相交、排除重叠形状和合并形状组件操作。

● "路径对齐方式"按钮 ⬚：单击此按钮可以设置路径的对齐方式，当有两条以上的路径被选择时才可用。

● "路径排列方式"按钮 ⬚：单击此按钮，可以设置路径的排列方式。

● "路径选项"按钮 ⚙：单击此按钮，将弹出"路径选项"面板，可在其中设置路径的粗细和颜色。勾选面板中的"橡皮带"复选框，在创建路径的过程中，移动鼠标指针时，会显示路径轨迹的预览效果。

● "自动添加/删除"复选框：在使用"钢笔"工具 ✎ 绘制图形或路径时，勾选此复选框，"钢笔"工具 ✎ 将具有"添加锚点"工具 ✎ 和"删除锚点"工具 ✎ 的功能。

● "对齐边缘"复选框：勾选该复选框可将矢量形状边缘与像素网格对齐，只有选择 形状 ⌄ 时该复选框才可用。

（2）"自由钢笔"工具 ✎ 的属性栏

"自由钢笔"工具 ✎ 的属性栏与"钢笔"工具 ✎ 的属性栏基本相同，只是"自动添加/删除"复选框变成了"磁性的"复选框。勾选"磁性的"复选框，"自由钢笔"工具 ✎ 将具有磁性功能，可以像"磁性套索"工具 ✎ 一样自动查找不同颜色的边缘。

单击 ⚙ 按钮，弹出图 4-3 所示的工具面板。在该面板中可以定义路径对齐图像边缘的范围和灵敏度及所绘路径的复杂程度。

图 4-3　"自由钢笔"选项面板

● "曲线拟合"选项：此选项用于控制生成的路径与鼠标指针移动轨迹的相似程度。数值越小，路径上产生的锚点越多，路径形状越接近鼠标指针的移动轨迹。

● "磁性的"复选框：勾选该复选框后，其下可用的"宽度""对比""频率"文本框分别控制产生磁性的宽度范围、查找颜色边缘的灵敏度和路径上产生锚点的密度。

● "钢笔压力"复选框：如果计算机外接了绘图板绘画工具，勾选此复选框，系统将根据绘图板的压力更改钢笔的宽度，从而决定自由钢笔绘制路径的精细程度。

（3）"路径选择"工具的属性栏

"路径选择"工具 ▶ 的属性栏如图4-4所示。

图4-4 "路径选择"工具的属性栏

● "填充""描边"选项：当选择形状图形时，"填充"选项和"描边"选项才可用，用于对选择形状图形的填充颜色和描边颜色进行修改，同时还可设置描边的宽度及线形。

● "W""H"文本框：用于设置选择形状的宽度及高度，激活 ⬤ 按钮，将保持长宽比例。

● "约束路径拖动"复选框：默认情况下，利用"路径选择"工具 ▶ 调整路径的形态时，锚点相邻的边也会做整体调整；当勾选此复选框后，将只能对两个锚点之间的线段做调整。

下面利用"钢笔"工具 ✒ 选择背景中的人物图像，将其移动到另一个场景中，合成图4-5所示的效果，具体操作如下。

（1）打开"图库/项目四/模特.jpg"文件。

在使用"钢笔"工具 ✒ 选择图像或去除图像的背景时，为了操作更加快捷和方便，选择的图像更加精准，可以先将图像窗口设置为全屏模式。

（2）按两次F键，将图像窗口切换成全屏模式，将鼠标指针移动到工作界面左侧，此时将弹出工具箱。

（3）选择"缩放"工具 🔍，将人物头部区域放大，选择"抓手"工具 ✋，在画面中按住鼠标左键并拖曳，将画面调整至图4-6所示的效果。

图4-5 合成的图像效果　　　　图4-6 调整后的图像效果

（4）选择"钢笔"工具 ✒，在属性栏中选择 路径 选项，将鼠标指针移动到图4-7所示的位置。

（5）单击确定起始点的位置，移动鼠标指针，在图像边缘的转折处单击，确定第2个控制点的位置，效果如图4-8所示。

图4-7 鼠标指针放置的位置　　　图4-8 确定第2个控制点

（6）用相同的方法，根据人物图像的边缘依次添加控制点。

由于画面放大显示了，所以只能看到画面中的部分图像。在添加路径控制点时，当绘制到图像窗口的边缘位置后就无法再继续添加了，如图 4-9 所示。此时可以按住 Space 键，将当前工具暂时切换成"抓手"工具 ✋，平移图像后再进行路径的绘制。

图 4-9　添加的控制点

（7）按住 Space 键，此时鼠标指针变为抓手形状，按住鼠标左键并向上拖曳，平移图像在窗口中的显示位置，如图 4-10 所示。

（8）释放 Space 键，鼠标指针变为钢笔形状，继续单击进行路径的绘制。

（9）当绘制路径的终点与起点重合时，鼠标指针的右下角将出现一个圆圈，如图 4-11 所示，此时单击即可将路径闭合，闭合后的路径如图 4-12 所示。

图 4-10　平移图像位置

图 4-11　出现的小圆圈

图 4-12　闭合后的路径

接下来利用"转换点" ⚲ 工具对绘制的路径进行圆滑调整。

（10）选择"转换点"工具 ⚲，将鼠标指针放置在路径的控制点上，按住鼠标左键并拖曳，出现两条控制柄，如图 4-13 所示。

（11）调整控制柄使路径平滑，释放鼠标左键。此时，若将鼠标指针放置在其中一个控制柄上再拖曳调整，另外一个控制柄会被锁定。

如果控制点添加的位置没有紧贴于图像轮廓上，可以按住 Ctrl 键，将鼠标指针放置在控制点上拖曳，调整其位置。

（12）用同样的方法，选择"转换点"工具 ⅄ 对路径上的其他控制点进行调整，调整控制点时同样会出现两个对称的控制柄，如图 4-14 所示。

图 4-13　出现的两条控制柄　　　　　　图 4-14　调整控制点时的状态

（13）选择"转换点"工具 ⅄ 对控制点依次进行调整，使路径紧贴人物的轮廓边缘，效果如图 4-15 所示。

（14）打开"路径"面板，单击面板底部的 ▦ 按钮，将路径转换为选区，生成的选区如图 4-16 所示。

（15）打开"图库/项目四/背景.jpg"文件，如图 4-17 所示。

（16）打开"模特.jpg"文件选择"移动"工具 ✛，将选区中的模特移动复制到"背景.jpg"文件中，并调整至图 4-18 所示的大小及位置。

图 4-15　路径调整的最终效果　　图 4-16　生成的选区　　　图 4-17　打开的背景图片　　图 4-18　图像调整后的大小及位置

（17）按 Shift+Ctrl+S 组合键，将此文件另存为"选取图像.psd"。

任务二　炫光效果的制作

"路径"面板主要用于显示绘图过程中存储的路径、工作路径和当前矢量蒙版的名称及缩略图，通过该面板可以快速地在路径和选区之间进行转换、用设置的颜色为路径描边或在路径中填充前景色等。"路径"面板如图 4-19 所示。本任务介绍如何通过"路径"面板制作炫光效果。

下面介绍"路径"面板下方各按钮的功能。

●　"用前景色填充路径"按钮 ⬤：单击此按钮，将以前景色填充创建的路径。

图 4-19　"路径"面板

- “用画笔描边路径”按钮：单击此按钮，将以前景色为创建的路径进行描边，其描边宽度为一像素。
- “将路径作为选区载入”按钮：单击此按钮，可以将创建的路径转换为选区。
- “从选区生成工作路径”按钮：图形文件中有选区时，单击此按钮，可以将选区转换为路径。
- “添加蒙版”按钮：当页面中有路径的情况下单击此按钮，可为当前图层添加图层蒙版，如当前图层为背景图层，将直接转换为普通图层；当页面中有选区的情况下单击此按钮，将以选区的形式添加图层蒙版，选区以外的图像会被隐藏。
- “新建新路径”按钮：单击此按钮，可在“路径”面板中新建一个路径；若“路径”面板中已经有路径存在，将鼠标指针放置到创建的路径名称处，按住鼠标左键向下拖曳至此按钮处释放鼠标左键，可以完成路径的复制。
- “删除当前路径”按钮：单击此按钮，可以删除当前选择的路径。

1. 存储工作路径

默认情况下，利用“钢笔”工具或矢量形状工具绘制的路径是以工作路径形式存在的。工作路径是临时路径，如果取消其选择状态，再次绘制路径时，新路径将自动取代原来的工作路径。如果工作路径在后面的绘图过程中还要使用，应该保存路径以免丢失。存储工作路径有以下两种方法。

- 在“路径”面板中，将鼠标指针放置到工作路径上，按住鼠标左键并向下拖曳至按钮处释放鼠标左键，即可将其以“路径 1”为名进行保存。
- 选择要存储的工作路径，单击“路径”面板中的按钮，在弹出的菜单中执行“存储路径”命令，弹出“存储路径”对话框，将工作路径按指定的名称存储。

多学一招

在绘制路径之前，单击“路径”面板底部的按钮或按住 Alt 键单击按钮创建一个新路径，再利用“钢笔”工具或矢量形状工具绘制，系统将自动保存路径。

2. 路径的显示和隐藏

在“路径”面板中单击相应的路径名称，可将该路径显示。单击“路径”面板中的灰色区域或在路径没有被选择的情况下按 Esc 键，可将路径隐藏。

下面利用路径工具绘制路径，然后利用“路径”面板中的按钮，并结合“画笔设置”面板制作出图 4-20 所示的炫光效果，具体操作如下。

（1）将任务一中合成的“选取图像.psd”文件打开，选择“钢笔”工具和“转换点”工具绘制出图 4-21 所示的路径。

图 4-20　制作的炫光效果

图 4-21　绘制的路径

（2）选择"画笔"工具 ，单击属性栏中的 按钮，在弹出的"画笔设置"面板中依次设置选项及参数，如图 4-22 所示。

图 4-22　设置的画笔参数

（3）新建"图层 2"，将前景色设置为白色。

（4）打开"路径"面板，单击下方的 按钮，利用设置的画笔笔头描绘路径，效果如图 4-23 所示。

（5）将"画笔设置"面板调出，并单击"画笔笔尖形状"按钮，将右侧的"大小"设置为 30 像素，"间距"设置为 500。

（6）在"路径"面板中单击下方的 按钮，用设置好的画笔为路径描绘，描绘后的路径效果如图 4-24 所示。

（7）打开"路径"面板，在面板中的空白处单击，将路径隐藏。选择"橡皮擦"工具 ，设置合适的笔头大小，擦除应该被身体挡住的光环，效果如图 4-25 所示。

图 4-23　描绘路径后的效果　　　图 4-24　再次描绘路径后的效果　　　图 4-25　擦除部分光环后的效果

（8）将"图层2"设置为当前图层，执行"图层"/"图层样式"命令，在弹出的"图层样式"对话框中设置外发光样式，如图 4-26 所示。

（9）单击 确定 按钮，制作的炫光效果如图 4-27 所示。

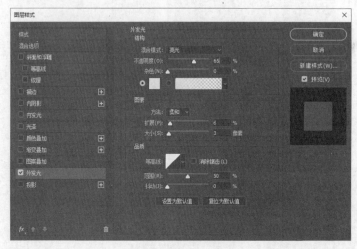

图 4-26　设置外发光样式

图 4-27　制作的炫光效果

（10）按 Shift+Ctrl+S 组合键，将此文件另存为"炫光效果.psd"。

任务三　矢量图形工具的应用

矢量图形工具主要包括"矩形"工具 ▢、"圆角矩形"工具 ▢、"椭圆"工具 ◯、"多边形"工具 ⬡、"直线"工具 ／ 和"自定形状"工具 ✿。它们的使用方法非常简单，选择相应的工具后，在图像文件中拖曳鼠标指针，即可绘制出需要的矢量图形。本任务介绍矢量图形工具的使用方法。

* "矩形"工具 ▢：使用此工具，可以在图像文件中绘制矩形，按住 Shift 键可以绘制正方形。

* "圆角矩形"工具 ▢：使用此工具，可以在图像文件中绘制圆角矩形，当属性栏中的"半径"值为 0 时，绘制出的图形为矩形。

* "椭圆"工具 ◯：使用此工具，可以在图像文件中绘制椭圆形，按住 Shift 键可以绘制圆形。

* "多边形"工具 ◯：使用此工具，可以在图像文件中绘制正多边形或星形，在属性栏中可以设置多边形或星形的边数。

* "直线"工具 ／：使用此工具，可以绘制直线或带有箭头的线段，在属性栏中可以设置直线或箭头的粗细及样式，按住 Shift 键可以绘制方向为 45° 倍数的直线或箭头。

* "自定形状"工具 ✿：使用此工具，可以在图像文件中绘制出各类不规则的图形和自定义图案。

1．"矩形"工具

当"矩形"工具 ▢ 处于激活状态时，单击属性栏中的 ⚙ 按钮，系统弹出图 4-28 所示的工具面板。

图 4-28 "矩形" 工具面板

- "不受约束"单选按钮：选择此单选按钮后，在图像文件中拖曳鼠标指针可以绘制任意大小和任意长宽比例的矩形。

- "方形"单选按钮：选择此单选按钮后，在图像文件中拖曳鼠标指针可以绘制正方形。

- "固定大小"单选按钮：选择此单选按钮后，在后面的文本框中设置固定的长宽值，再在图像文件中拖曳鼠标指针，只能绘制固定大小的矩形。

- "比例"单选按钮：选择此单选按钮后，在后面的文本框中设置矩形的长宽比例，再在图像文件中拖曳鼠标指针，只能绘制设置的长宽比例的矩形。

- "从中心"复选框：勾选此复选框后，在图像文件中以任何方式创建矩形，鼠标指针的起点都为矩形的中心。

2．"圆角矩形"工具

"圆角矩形"工具 ▣ 的用法和属性栏都同"矩形"工具 ▣ 相似，只是属性栏中多了一个"半径"文本框，此文本框主要用于设置圆角矩形的平滑度，数值越大，圆角越平滑。

3．"椭圆"工具

"椭圆"工具 ◯ 的用法及属性栏与"矩形"工具 ▣ 的相似，在此不再赘述。

4．"多边形"工具

"多边形"工具 ⬡ 是绘制正多边形或星形的工具。在默认情况下，选择此工具后，在画面中拖曳鼠标指针可绘制正多边形。"多边形"工具 ⬡ 的属性栏也与"矩形"工具 ▣ 的相似，只是多了一个设置多边形或星形边数的"边"选项。单击属性栏中的 ⚙ 按钮，系统将弹出图 4-29 所示的工具面板。

- "半径"文本框：用于设置多边形或星形的半径，设置相应的参数后，只能绘制固定大小的正多边形或星形。

- "平滑拐角"复选框：勾选此复选框后，在画面中拖曳鼠标指针，可以绘制具有圆角效果的正多边形或星形。

图 4-29 "多边形" 工具面板

- "星形"复选框：勾选此复选框后，在画面中拖曳鼠标指针，可以绘制边向中心位置缩进的星形。

- "缩进边依据"文本框：在文本框中输入相应的参数，可以限定边缩进的程度，取值范围为 1%~99%，数值越大，缩进量越大；只有勾选了"星形"复选框后，此文本框才可以使用。

- "平滑缩进"复选框：勾选此复选框后，可以绘制边平滑地向中心缩进的星形。

5．"直线"工具

"直线"工具 ╱ 的属性栏也与"矩形"工具 ▣ 的相似，只是多了一个设置线段或箭头粗细的"粗细"下拉列表。单击属性栏中的 ⚙ 按钮，系统将弹出图 4-30 所示的工具面板。

图 4-30 "直线" 工具面板

- "起点"复选框：勾选此复选框后，在绘制线段时起点处带有箭头。
- "终点"复选框：勾选此复选框后，在绘制线段时终点处带有箭头。
- "宽度"文本框：在后面的文本框中设置相应的参数，可以确定箭头宽度与线段宽度的百分比。
- "长度"文本框：在后面的文本框中设置相应的参数，可以确定箭头长度与线段长度的百分比。
- "凹度"文本框：在后面的文本框中设置相应的参数，可以确定箭头中央凹陷的程度；设置为正值时，箭头尾部向内凹陷；为负值时，箭头尾部向外凸出；为 0 时，箭头尾部平齐，效果如图 4-31 所示。

图 4-31 当将"凹度"分别设置为 50、-50 和 0 时绘制的箭头图形

6. "自定形状"工具

"自定形状"工具 的属性栏也与"矩形"工具的相似，只是多了一个"形状"选项，单击此选项后面的 按钮，系统会弹出图 4-32 所示的工具面板。

在面板中选择需要的图形，然后在图像文件中拖曳鼠标指针，即可绘制相应的图形。

单击面板中的 按钮，在弹出的下拉菜单中执行"全部"命令，在弹出的询问对话框中单击 确定 按钮，即可显示全部图形，如图 4-33 所示。

图 4-32 "自定形状"工具面板   图 4-33 全部的图形

单击 按钮，在弹出的下拉菜单中执行"复位形状"命令，在弹出的询问对话框中单击 确定 按钮，可恢复默认的图形显示。

下面灵活运用"画笔"工具 、"画笔设置"面板、路径工具及矢量图形工具绘制出图 4-34 所示的壁纸效果，具体操作如下。

（1）新建一个"宽度"为 27 厘米、"高度"为 20 厘米、"分辨率"为 120 像素/英寸、"颜色模式"为 RGB 颜色、"背景内容"为白色的文件。

（2）选择"渐变"工具 ，并在"渐变编辑器"对话框中设置渐变颜色，如图 4-35 所示。

（3）单击 确定 按钮，单击属性栏中的 按钮，将鼠标指针移动到画面的右上角位置，按住鼠标左键并向左下方拖曳，为画面添加图 4-36 所示的渐变背景。

（4）打开"图库/项目四/花朵.png"文件，如图 4-37 所示。

图 4-34　绘制的壁纸效果

图 4-35　设置的渐变颜色

图 4-36　添加的渐变背景

图 4-37　打开的图片

（5）执行"编辑"/"定义画笔预设"命令，弹出图 4-38 所示的"画笔名称"对话框，单击 确定 按钮，将图像定义为画笔笔头。

图 4-38　"画笔名称"对话框

（6）选择"画笔"工具，单击属性栏中的 按钮，在弹出的"画笔设置"面板中分别设置各选项及参数，如图 4-39 所示。

（7）新建"图层 1"，将前景色设置为蓝紫色（R:190,G:190,B:255）。

（8）将鼠标指针移动到画面的下方位置并拖曳，喷绘出图 4-40 所示的图形。

（9）将前景色设置为白色，在新建的"图层 2"中喷绘出图 4-41 所示的白色图形，注意画笔笔头的大小设置。

（10）新建"图层 3"，选择"自定形状"工具，单击属性栏中"形状"选项右侧的 下拉列表，在弹出的"自定形状"工具 面板中选择图 4-42 所示的形状。

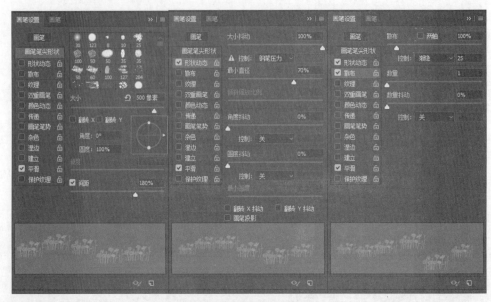

图 4-39　设置的选项及参数

图 4-40　喷绘出的图形（1）

图 4-41　喷绘出的图形（2）

图 4-42　选择的形状

（11）在属性栏中选择 像素 选项，在画面的中心位置绘制出图 4-43 所示的心形。

（12）在"图层"面板中，将"图层 3"复制为"图层 3 拷贝"图层，执行"编辑"/"自由变换"命令，将复制出的心形以中心等比例缩小至图 4-44 所示的形状。

图 4-43　绘制出的心形

图 4-44　复制图形并调整大小

（13）按 Enter 键确认，执行"图层"/"图层样式"/"斜面和浮雕"命令，弹出"图层样式"对话框，设置选项及参数，如图 4-45 所示。

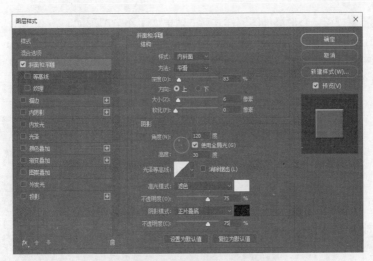

图 4-45　设置"斜面和浮雕"的选项及参数

（14）依次勾选"描边"和"渐变叠加"复选框，设置的参数如图 4-46 所示。

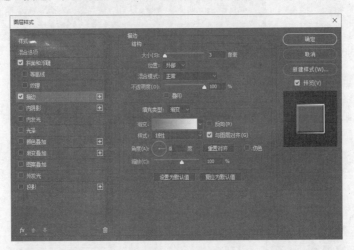

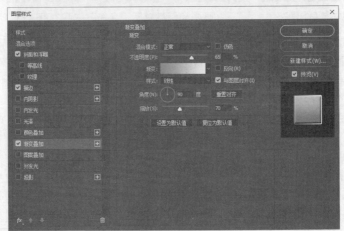

图 4-46　设置"描边"和"渐变叠加"的选项及参数

（15）单击 确定 按钮，心形添加图层样式后的效果如图 4-47 所示。

（16）将"图层 3"设置为当前图层，执行"图层"/"图层样式"/"投影"命令，在弹出的"图层样式"对话框中将"混合模式"选项右侧的颜色设置为深绿色（R:10,G:82,B:0），再设置其他选项及参数，如图 4-48 所示。

图 4-47　添加图层样式后的效果

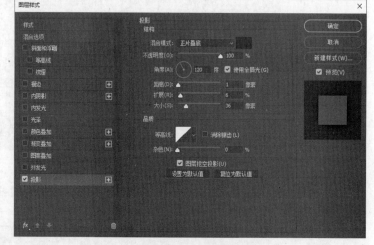

图 4-48　设置"投影"的选项及参数

（17）单击 确定 按钮，为下层心形添加投影后的效果如图 4-49 所示。

（18）新建"图层 4"，选择"钢笔"工具 和"转换点"工具 绘制出图 4-50 所示的路径。

（19）按 Ctrl+Enter 组合键将路径转换为选区，为其填充白色，效果如图 4-51 所示。

图 4-49　添加投影后的效果

图 4-50　绘制路径

图 4-51　填充白色

（20）按 Ctrl+D 组合键取消选区。新建"图层 5"，选择"钢笔"工具 和"转换点"工具 绘制路径，转换为选区后为其填充白色，效果如图 4-52 所示。

（21）将"图层 4"复制为"图层 4 拷贝"层，执行"自由变换"命令将复制出的图形旋转并调整至图 4-53 所示的位置。

（22）新建"图层 6"，灵活运用"钢笔"工具 、"转换点"工具 、复制操作、"垂直翻转"命令和"水平翻转"命令绘制出图 4-54 所示的图形。

（23）新建"图层 7"，利用"钢笔"工具 、"转换点"工具 、复制操作、"水平翻转"命令，绘制出图 4-55 所示的图形。

（24）选择"自定形状"工具 ，单击属性栏中"形状"选项右侧的 下拉列表，在弹出的"自定形状选项"面板中单击 按钮。

（25）在弹出的下拉列表中执行"全部"命令，在弹出的询问对话框中单击 确定 按钮。

（26）在"自定形状"工具 面板中拖曳右侧的滑块，选择图 4-56 所示的形状。

图 4-52　绘制的图形

图 4-53　调整后的图形

图 4-54　绘制的图形（1）

图 4-55　绘制的图形（2）

图 4-56　选择的形状

（27）在属性栏中选择 选项，按住 Shift 键绘制出图 4-57 所示的花形。

（28）按住 Shift 键并依次拖曳鼠标指针，继续绘制出图 4-58 所示的花形。

图 4-57　绘制的花形

图 4-58　继续绘制出其他的花形

在绘制图形时按住 Shift 键，可确保绘制出的图形在同一形状图层中。

（29）释放 Shift 键后，再按住 Shift 键依次绘制出图 4-59 所示的大花形。

（30）在"图层"面板中，打开"形状 2"层的"填充"对话框，设置"不透明度"为 30%，再将"形状 2"图层调整至"图层 3"图层下方，效果如图 4-60 所示。

图 4-59　绘制的大花形

图 4-60　调整不透明度及堆叠顺序后的效果

（31）将"形状 1"图层设置为当前图层，在"自定形状"工具 面板中选择图 4-61 所示的形状。

（32）按住 Shift 键依次在画面中拖曳，绘制出图 4-62 所示的星形。

图 4-61　选择的形状　　　　　　　　图 4-62　绘制的星形

（33）将"花朵.png"文件中的花朵放置到图像下端做装饰，至此，壁纸效果制作完成。按 Ctrl+S 组合键，将此文件命名为"绘制壁纸效果.psd"并保存。

项目实训　绘制标志图形

本实训将利用路径工具绘制出图 4-63 所示的标志图形，具体操作如下。

（1）新建一个"宽度"为 20 厘米、"高度"为 10 厘米、"分辨率"为 150 像素/英寸、"颜色模式"为 RGB 颜色、"背景内容"为白色的文件。

（2）新建"图层 1"，选择"钢笔"工具 ，在属性栏中选择 路径 选项，在画面中依次单击绘制出图 4-64 所示的标志大体形状。

图 4-63　绘制的标志图形　　　　图 4-64　绘制的标志大体形状

（3）选择"转换点"工具 ，将鼠标指针放置在路径的控制点上，按住鼠标左键并拖曳，此时出现两条控制柄，如图 4-65 所示。

（4）拖曳鼠标指针调整控制柄，将路径调整平滑后释放鼠标左键，然后用相同的方法对路径上的其他控制点进行调整，效果如图 4-66 所示。

（5）执行"窗口"/"路径"命令，弹出"路径"面板，单击"路径"面板底部的 按钮，将钢笔路径转换成选区，如图 4-67 所示。

图 4-65　出现的控制柄　　　图 4-66　调整出理想的路径形状　　　图 4-67　将路径转化为选区

（6）将前景色设置为红色（R:201,G:0,B:0），背景色设置为黄色（R:255,G:231,B:30）。

（7）选择"渐变"工具■，为选区自左向右填充由前景色到背景色的线性渐变色，效果如图 4-68 所示，按 Ctrl+D 组合键取消选区。

（8）新建"图层 2"，选择"钢笔"工具❖和"转换点"工具Ⓝ调整出图 4-69 所示的波浪路径。

（9）按 Ctrl+Enter 组合键将路径转换为选区，为其填充深红色（R:206,G:22,B:30），取消选区后的效果如图 4-70 所示。

图 4-68　为选区填充线性渐变色

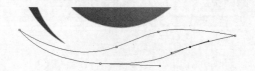
图 4-69　绘制波浪路径

图 4-70　填充前景色后的图形效果

（10）新建"图层 3"，用与步骤（8）、步骤（9）相同的方法绘制出图 4-71 所示的红色（R:230,G:0,B:18）图形。

（11）新建"图层 4"，用与步骤（8）、步骤（9）相同的方法绘制出图 4-72 所示的橙色（R:241,G:91,B:0）图形。

（12）将前景色设置为黑色，选择"横排文字"工具Ｔ，在画面右侧输入图 4-73 所示的文字。

图 4-71　绘制出第 2 条波浪图形

图 4-72　绘制出第 3 条波浪图形

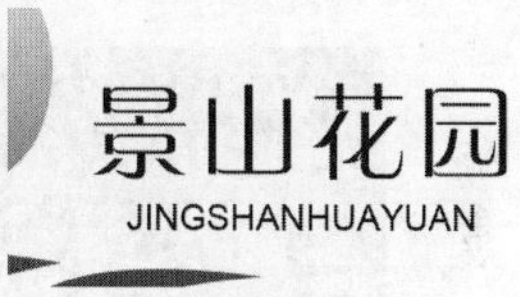

景山花园
JINGSHANHUAYUAN
图 4-73　为画面添加文字

（13）新建"图层 5"，选择"直线"工具✏，在属性栏中选择 像素 选项，并将"粗细"设置为 2 像素。

（14）确认前景色为黑色，按住 Shift 键在画面中绘制出图 4-74 所示的黑色横条。

（15）选择"矩形选框"工具▢，框选字母区域，按 Delete 键删除选区内的黑色横条，效果如图 4-75 所示。

（16）按 Ctrl+D 组合键取消选区，即可完成标志的设计，效果如图 4-76 所示。

图 4-74　绘制出黑色横条

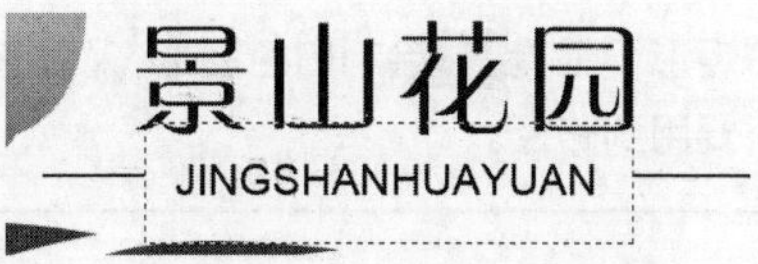

景山花园
JINGSHANHUAYUAN
图 4-75　删除选区内的黑色横条

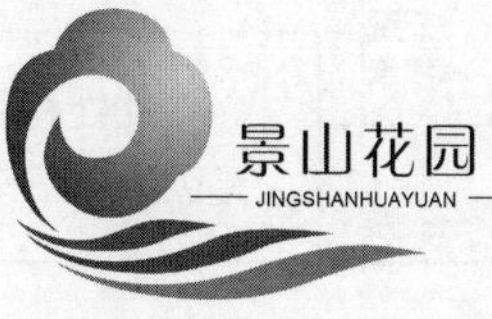

景山花园
JINGSHANHUAYUAN
图 4-76　设计完成的标志

（17）按 Ctrl+S 组合键，将文件命名为"标志制作.psd"并保存。

项目拓展　制作邮票效果

本拓展任务将利用"橡皮擦"工具 ◢ 结合"路径"面板中的描绘路径功能，绘制出图 4-77 所示的邮票效果，具体操作如下。

微课

制作邮票效果

图 4-77　制作的邮票效果

（1）新建"宽度"为 20 厘米、"高度"为 13 厘米、"分辨率"为 100 像素/英寸、"背景内容"为白色的文件。

（2）选择"渐变"工具 ▣ ，按 D 键，将工具箱中的前景色和背景色分别设置为黑色和白色。

（3）确认属性栏中选择的是"从前景到背景"渐变样式，单击的 ▣ 按钮，按住 Shift 键，为画面从上向下填充图 4-78 所示的线性渐变色。

（4）选择"渐变"工具 ▣ ，在属性栏中选择 路径 ▾ 选项，在画面中绘制图 4-79 所示的路径。

图 4-78　填充渐变色后的效果　　　　　图 4-79　绘制的路径

（5）按 Ctrl+Enter 组合键将路径转换为选区，新建"图层 1"，并为选区填充白色，效果如图 4-80 所示。

知识
提示

此处利用"矩形"工具 ▣ 绘制白色图形，而没有选择常用的"矩形选框"工具 ▣ ，是因为接下来还要用到路径。

（6）按 Ctrl+D 组合键取消选区，在"路径"面板中单击路径，使其在画面中显示。

（7）选择"橡皮擦"工具 ◢ ，单击属性栏中的 ✎ 按钮，在弹出的"画笔设置"面板中设置参数，如图 4-81 所示。

（8）单击"路径"面板中的 ◉ 按钮，利用橡皮擦擦除，得到图 4-82 所示的邮票边缘锯齿效果。

图 4-80　填充白色　　　　　　　　　图 4-81　"画笔设置"面板设置　　　　　　　　图 4-82　锯齿效果

（9）单击"路径"面板中的空白处，将路径隐藏。

（10）执行"图层"/"图层样式"/"投影"命令，在弹出的"图层样式"对话框中进行设置，如图 4-83 所示。

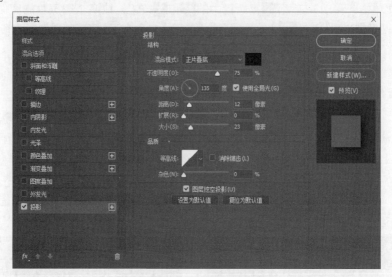

图 4-83　设置"投影"的参数

（11）单击 确定 按钮，添加的投影效果如图 4-84 所示。

（12）打开"图库/项目四/水墨风景.jpg"文件，将其移动复制到新建文件中，生成"图层 2"。

（13）按 Ctrl+T 组合键，为图片添加自由变换框，将其等比例缩小调整到图 4-85 所示的形态。

（14）将鼠标指针移动到变换框下方中间的控制点上，按住鼠标左键并向上拖曳，将其调整至图 4-86 所示的大小。

（15）按 Enter 键，确认图片的大小调整，按住 Shift 键单击"图层"面板中的"图层 1"，将两个图层同时选择，如图 4-87 所示。

图 4-84　添加的投影效果

图 4-85　等比例缩小后的图片

图 4-86　调整图片状态

图 4-87　选择的图层

（16）依次单击"移动"工具 ⊕ 属性栏中的 ⊞ 和 ⊟ 按钮，让两个图层中的图像中心对齐。

（17）选择"横排文字"工具 T，在画面的左下方输入白色文字，完成邮票效果的制作，按 Ctrl+S 组合键，将文件命名为"邮票绘制.psd"并保存。

习题

（1）参考本项目学习的内容，灵活运用"钢笔"工具 ⌀、"转换点"工具 ⌐ 及"自定形状"工具 ✿ 绘制一个卡通猫图形，效果如图 4-88 所示。

（2）打开"图库/项目四/习题 2/夜市.jpg"文件，如图 4-89 所示。利用路径描绘功能在建筑物招牌上制作霓虹灯效果，如图 4-90 所示。

图 4-88　绘制的卡通猫图形

图 4-89　打开图片

图 4-90　制作的霓虹灯效果

05 项目五
文字工具的应用

　　文字是平面设计中非常重要的一部分，一件完整的设计作品需要有文字来说明主题或通过特殊编排的文字来衬托整个画面。好的设计作品不但表现在创意、图形的构成等方面，文字的合理编辑和巧妙应用也非常重要，大多数设计作品都离不开文字的应用。在 Photoshop CC 2018 中，文字可分为点文字和段落文字两种类型。点文字适用于文字较少或需要制作特殊效果的情况，段落文字适用于文字较多的情况。本项目主要介绍各种文字工具的使用技巧。

知识技能目标

- 掌握输入与编辑文字的方法；
- 掌握文字工具的变形应用；
- 掌握文字的跟随路径输入；
- 掌握文字的各种转换方法；
- 掌握文字工具与其他工具的综合应用。

任务一　文字的输入与编辑

本任务主要介绍输入与编辑文字的方法。

Photoshop CC 2018 中共有 4 种文字工具，包括"横排文字"工具 **T** 、"直排文字"工具 **IT** 、"横排文字蒙版"工具 **T** 和"直排文字蒙版"工具 **IT** 。

利用文字工具可以在画面中输入点文字或段落文字。点文字适用于文字较少的情况，例如标题或需要制作特殊效果的文字；当作品中需要输入大量的说明性文字内容时，利用段落文字输入就非常适合。以点文字输入的标题和以段落文字输入的内容如图 5-1 所示。

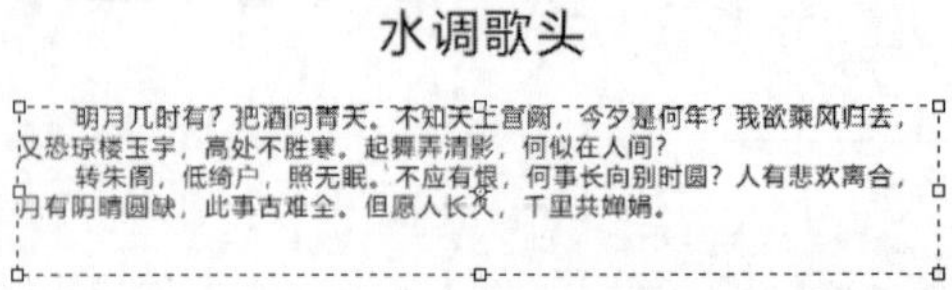

水调歌头

明月几时有？把酒问青天，不知天上宫阙，今夕是何年？我欲乘风归去，又恐琼楼玉宇，高处不胜寒。起舞弄清影，何似在人间？
转朱阁，低绮户，照无眠。不应有恨，何事长向别时圆？人有悲欢离合，月有阴晴圆缺，此事古难全。但愿人长久，千里共婵娟。

图 5-1　输入的文字

• 输入点文字。利用文字工具输入点文字时，每行文字都是独立的，行的长度随着文字的输入不断增加，无论输入多少文字都是在一行内，只有按 Enter 键才能切换到下一行文字。输入点文字的操作方法为：选择"横排文字"工具 **T** ，鼠标指针将显示为 I 或 ↔ 形状，在文件中单击，指定输入文字的起点，然后在属性栏或"字符"面板中设置相应的文字选项，再输入需要的文字即可。按 Enter 键可使文字切换到下一行；单击属性栏中的 ✓ 按钮，可确认点文字的输入。

• 输入段落文字。在输入段落文字之前，先利用文字工具绘制一个矩形定界框，以限定段落文字的范围，在输入文字时，系统将根据定界框的宽度自动换行。输入段落文字的操作方法为：选择"横排文字"工具 **T** 或"直排文字"工具 **IT** ，在文件中拖曳鼠标指针绘制一个定界框，并在属性栏、"字符"面板或"段落"面板中设置相应的选项，即可在定界框中输入需要的文字。文字输入定界框的右侧时将自动切换到下一行。输入完一段文字后，按 Enter 键可以切换到下一段文字。如果输入的文字太多以致定界框中无法全部容纳，定界框右下角将出现溢出标记符号 ⊞ ，此时可以通过拖曳定界框四周的控制点来调整定界框的大小，显示出全部的文字。文字输入完成后，单击属性栏中的 ✓ 按钮，即可确认段落文字的输入。

> **知识提示**　在绘制定界框之前，按住 Alt 键单击或拖曳鼠标指针，将会弹出"段落文字大小"对话框，在对话框中设置定界框的宽度和高度后，单击 确定 按钮，可以按照指定的大小绘制定界框。

• 创建文字选区。使用"横排文字蒙版"工具 **T** 和"直排文字蒙版"工具 **IT** 可以创建文字选区，文字选区具有与其他选区相同的性质。创建文字选区的操作方法为：选择图层，选择文字工具组中的 **T** 或 **IT** 工具，并设置文字选项，再在文件中单击，此时会出现一个红色的蒙版，即可开始输入需要的文字，输入完成后，单击属性栏中的 ✓ 按钮，即可确认文字选区的创建。

（1）工具属性栏

各个文字工具的属性栏是相同的，如图 5-2 所示。

| T | IT | Adobe 黑体 Std | ∨ | - | ∨ | T 12点 | ∨ | ªª 锐利 | ∨ | 三 三 三 | □ | ⊥ | 圁 | ⊘ | ✓ | 3D |

图 5-2　文字工具的属性栏

• "更改文本方向"按钮 **IT** ：单击此按钮，可以将水平方向的文字更改为垂直方向，或者将垂直方向的文字更改为水平方向。

• "设置字体系列"下拉列表 Adobe 黑体 Std ∨ ：此下拉列表中可以设置输入文字的字体，也可以将输入的文字选择后再在此下拉列表中重新设置字体。

- "设置字体样式"下拉列表 [Regular ▼]：在此下拉列表中可以设置文字的字体样式，包括"Regular"（规则）、"Italic"（斜体）、"Bold"（粗体）和"Bold Italic"（粗斜体）4 种字形。（当在字体列表中选择英文字体时，此列表中的选项才可用）。
- "设置字体大小"下拉列表 [T 12点 ▼]：用于设置文字的大小。
- "设置消除锯齿的方法"下拉列表 [aa 锐利 ▼]：决定文字边缘消除锯齿的方式，包括"无""锐利""犀利""浑厚""平滑"5 种方式。
- "对齐方式"按钮：在使用"横排文字"工具 [T] 输入水平文字时，对齐方式按钮显示为 [≡ ≡ ≡]，分别为左对齐、水平居中对齐和右对齐；当使用"直排文字"工具 [IT] 输入垂直文字时，对齐方式按钮显示为 [≡ ≡ ≡]，分别为顶对齐、垂直居中对齐和底对齐。
- "设置文本颜色"色块 [□]：单击此色块，在弹出的"拾色器"对话框中可以设置文字的颜色。
- "创建文字变形"按钮 [Ⓣ]：单击此按钮，将弹出"变形文字"对话框，用于设置文字的变形效果。
- "取消所有当前编辑"按钮 [⊘]：单击此按钮，则取消文字的输入或编辑操作。
- "提交所有当前编辑"按钮 [✓]：单击此按钮，确认文字的输入或编辑操作。

（2）"字符"面板

执行"窗口"/"字符"命令或单击文字工具属性栏中的 [▤] 按钮，将弹出"字符"面板，如图 5-3 所示。

在"字符"面板中设置字体、字号、字形和颜色的方法与在属性栏中设置的方法相同，在此不再赘述。下面介绍设置字间距、行间距和基线偏移等的方法。

图 5-3 "字符"面板

- "设置行距"下拉列表 [tA 12点 ▼]：设置每行文字之间的距离。
- "设置字距微调"下拉列表 [V/A ▼]：设置相邻两个字符之间的距离，在设置时不需要选择字符，只需在字符之间单击以指定插入点，设置相应的参数即可。
- "设置字距"下拉列表 [VA 80 ▼]：设置相邻两个字符之间的距离。
- "设置所选字符的比例间距"下拉列表 [畵 0% ▼]：设置所选字符的间距缩放比例，可以在此下拉列表中选择 0%～100% 的缩放比例。
- "垂直缩放" [IT 100%]、"水平缩放"文本框 [T 100%]：设置字符在垂直方向和水平方向的缩放比例。
- "基线偏移"文本框 [A⁴ 50点]：设置字符由基线位置向上或向下偏移的高度；在文本框中输入正值，可使横排文字向上偏移，直排文字向右偏移；输入负值，可使横排文字向下偏移，直排文字向左偏移，效果如图 5-4 所示。

图 5-4 文字偏移效果

- "语言设置"下拉列表：在此下拉列表中可选择不同国家的语言，主要包括美国英语、英国英语、法语及德语等。

"字符"面板中各按钮的含义分别如下，激活不同按钮时文字效果如图 5-5 所示。

- "仿粗体"按钮 **T**：单击此按钮，可以将当前选择的文字加粗显示。
- "仿斜体"按钮 *T*：单击此按钮，可以将当前选择的文字倾斜显示。
- "全部大写字母"按钮 **TT**：单击此按钮，可以将当前选择的小写字母变为大写字母。
- "小型大写字母"按钮 **Tr**：单击此按钮，可以将当前选择的字母变为小型大写字母。
- "上标"按钮 **T¹**：单击此按钮，可以将当前选择的文字变为上标显示。

图 5-5　各种文字效果

- "下标"按钮 **T₁**：单击此按钮，可以将当前选择的文字变为下标显示。
- "下划线"按钮 **T**：单击此按钮，可以在当前选择的文字下方添加下划线。
- "删除线"按钮 **T**：单击此按钮，可以在当前选择的文字中间添加删除线。

（3）"段落"面板

"段落"面板的主要功能是设置文字对齐方式及缩进量。当选择横向的文本时，"段落"面板如图 5-6 所示。

图 5-6　"段落"面板

- 按钮：这 3 个按钮的功能是设置横向文本的对齐方式，分别为左对齐、居中对齐和右对齐。
- 按钮：只有在图像文件中选择段落文本时，这 4 个按钮才可用，它们的功能是调整段落中最后一行的对齐方式，分别为左对齐、居中对齐、右对齐和两端对齐。

当选择竖向的文本时，"段落"面板最上面一行各个按钮的功能分别如下。

- 按钮：这 3 个按钮的功能是设置竖向文本的对齐方式，分别为顶对齐、居中对齐和底对齐。
- 按钮：只有在图像文件中选择段落文本时，这 4 个按钮才可用，它们的功能是调整段落中最后一列的对齐方式，分别为顶对齐、居中对齐、底对齐和两端对齐。
- "左缩进"文本框 **┨ 0点**：用于设置段落左侧的缩进量。
- "右缩进"文本框 **┠ 0点**：用于设置段落右侧的缩进量。
- "首行缩进"文本框 **0点**：用于设置段落第一行的缩进量。
- "段前添加空格"文本框 **0点**：用于设置每段文本与前一段之间的距离。
- "段后添加空格"文本框 **0点**：用于设置每段文本与后一段之间的距离。
- "避头尾法则设置"下拉列表和"间距组合设置"下拉列表：用于编排日语字符。
- "连字"复选框：勾选此复选框，允许使用连字符连接单词。

（4）选择文字

文字输入完成后，若想更改个别文字的格式，必须先选择这些文字。选择文字的具体操作如下。

- 在要选择字符的起点位置按住鼠标左键向前或向后拖曳。
- 在要选择字符的起点位置单击，然后按住 Shift 键或 Ctrl+Shift 组合键的同时按→或←键。

- 在要选择字符的起点位置单击，然后按住 Shift 键并在选择字符的终点位置单击，可以选择此范围内的全部字符。
- 执行"选择" / "全部"命令或按 Ctrl+A 组合键，可选择该图层中的所有字符。
- 在文字中的任意位置双击，可以选择该位置的一行文字；快速地单击 3 次，可以选择整行文字；快速地单击 5 次，可以选择该图层中的所有字符。

（5）调整段落文字

在编辑模式下，通过调整定界框可以调整段落文字的位置、大小和形态，具体操作为按住 Ctrl 键并执行下列的某一种操作。

- 将鼠标指针移动到定界框内，当鼠标指针变成 ▶ 形状时，按住左键并拖曳，可调整文字的位置。
- 将鼠标指针移动到定界框各角的控制点上，当鼠标指针变成 ↖ 形状时，按住左键并拖曳，可调整文字的大小。按住 Ctrl 键和 Shift 键进行拖曳，可保持文字的缩放比例。

> 在段落文字的编辑模式下，将鼠标指针放置在定界框任意的控制点上，当鼠标指针显示为双向箭头时，按住左键并拖曳，可直接调整定界框的大小，此时文字的大小不会发生变化，只会在调整后的定界框内重新排列。

直接缩放定界框及按住 Ctrl 键缩放定界框的效果如图 5-7 所示。

图 5-7　缩放定界框前后的段落文字效果

- 将鼠标指针移动到定界框外的任意位置，当鼠标指针变成 ↻ 形状时，按住鼠标左键并拖曳，可以使文字旋转。按住 Ctrl 键和 Shift 键进行拖曳，可将旋转限制为按 15°角的增量进行调整，效果如图 5-8 所示。

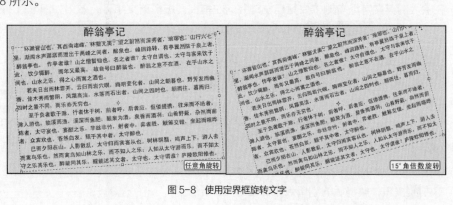

图 5-8　使用定界框旋转文字

在按住 Ctrl 键的同时将鼠标指针移动到定界框的中心位置，当鼠标指针变成▶形状时按住鼠标左键并拖曳，可调整旋转中心的位置。

　　● 按住 Ctrl 键将鼠标指针移动到定界框的任意控制点上，当鼠标指针显示为 ▷ 形状时按住鼠标左键并拖曳，可以使文字倾斜，效果如图 5-9 所示。

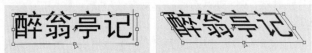

图 5-9　使用定界框让文字倾斜的效果

　　要对文字进行变形操作，除利用定界框外，还可执行"编辑"/"变换"菜单中的命令（但不能执行"扭曲"和"透视"命令，这两个命令只有将文字图层转换为普通图层后才可用）。

　　下面灵活运用文字的输入与编辑操作来制作图 5-10 所示的文字效果，具体操作如下。

图 5-10　制作的文字效果

　　（1）新建一个"宽度"为 26 厘米、"高度"为 6 厘米、"分辨率"为 200 像素/英寸、"颜色模式"为 RGB 颜色、"背景内容"为白色的文件。

　　（2）将前景色设置为黑色，选择"直排文字"工具 T ，将鼠标指针移动到文件中，鼠标指针会变成 I 形状。

　　（3）拖曳鼠标指针至合适位置单击，单击位置将显示文字输入符号 ↓ 。

　　（4）按 Caps Lock 键开启大写字母功能，依次输入图 5-11 所示的英文字母。

　　在输入文字时，按 Ctrl+Shift 组合键可在各输入法之间进行切换。在输入英文字母之前按 Caps Lock 键可确保输入的字母为大写，再次按 Caps Lock 键可输入小写字母。

　　（5）在输入的英文字母右侧按住鼠标左键并向左拖曳，选择英文字母，效果如图 5-12 所示。

　　（6）在属性栏中的 T 30点 下拉列表中，选择"30 点"选项，单击 ✔ 按钮，确认文字的大小调整。

　　（7）选择"直排文字"工具 T ，输入图 5-13 所示的英文字母，并选择图 5-14 所示的字母。

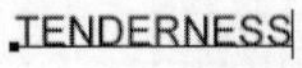

图 5-11　输入英文字母 　　图 5-12　选择后的效果 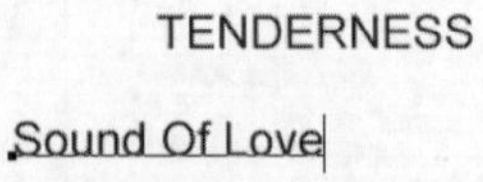　　　图 5-13　输入英文字母 　　　图 5-14　选择的字母

　　（8）单击属性栏中的 按钮，在弹出的"字符"面板中设置各项参数如图 5-15 所示。

　　（9）单击 ✔ 按钮，调整后的字母效果如图 5-16 所示。

图 5-15 "字符"面板设置

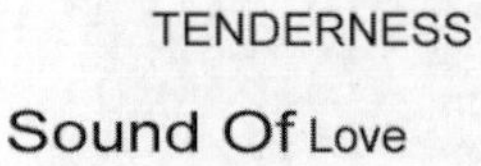

TENDERNESS

Sound Of Love

图 5-16 调整后的字母效果

（10）选择英文单词 Love，在"字符"面板中设置各项参数如图 5-17 所示，单击☑按钮，字母调整后的效果如图 5-18 所示。

图 5-17 "字符"面板设置

TENDERNESS
Sound Of
Love

图 5-18 调整后的字母效果

（11）在"字符"面板中重新修改各项参数如图 5-19 所示，选择"直排文字"工具 T，输入图 5-20 所示的英文字母。

图 5-19 "字符"面板设置

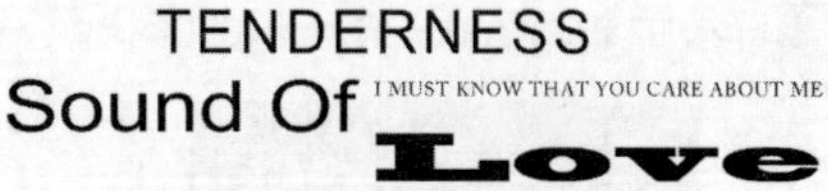

TENDERNESS
Sound Of I MUST KNOW THAT YOU CARE ABOUT ME
Love

图 5-20 输入英文字母

（12）单击"字符"面板中的 T 按钮，将字母加粗显示。

（13）设置"字符"面板中各项参数，输入文字，设置的参数及输入的文字效果如图 5-21 所示。可以看出最上一行文字离下面的文字有点远，接下来再调整一下。

（14）在"图层"面板中选择"TENDERNESS"文字图层，单击文字工具属性栏中的 按钮，在弹出的"字符"面板中重新修改各项参数，如图 5-22 所示。

（15）选择"移动"工具 ，将调整后的字母向下移动，最终效果如图 5-23 所示。

图 5-21 "字符"面板设置及输入的文字效果

图 5-22 "字符"面板设置　　　　　　图 5-23 字母的最终效果

至此，文字的输入与编辑操作完成。为了美观，可以再绘制一些图形来衬托文字效果。

（16）选择"直线"工具 ，在属性栏中选择 像素 选项，将"粗细"设置为 5 像素。

（17）新建"图层 1"，依次往文本的左右两侧拖曳鼠标指针，绘制出图 5-24 所示的线形。

图 5-24 绘制的线形

（18）在"图层"面板中将"图层 1"的"不透明度"设置为 60%，如图 5-25 所示。

（19）选择"自定形状"工具 ，单击属性栏中"形状"选项右侧的 按钮，在弹出的"自定形状"工具 面板中选择图 5-26 所示的形状。

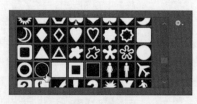

图 5-25 设置的不透明度　　　　　　图 5-26 选择的形状

（20）新建"图层 2"，在十字线形位置依次拖曳，绘制出图 5-27 所示的圆形，完成文字的输入与编辑。

图 5-27　绘制的圆形

（21）按 Ctrl+S 组合键，将此文件命名为"文字效果.psd"并保存。

任务二　文字工具的变形应用

本任务介绍文字工具的变形应用。

选择任意文字工具，单击属性栏中的 按钮，弹出"变形文字"对话框，在此对话框中可以设置输入文字的变形效果。注意，此对话框中的选项默认状态都显示为灰色，只有在"样式"下拉列表中选择除"无"以外的其他选项后才可调整，如图 5-28 所示。

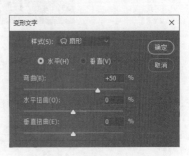

- "样式"下拉列表：用于设置文本最终的变形效果，单击其右侧的 ▼ 按钮，可弹出文字变形下拉列表，选择的选项不同，文字的变形效果也各不相同。

图 5-28　"变形文字"对话框

- "水平""垂直"单选按钮：设置文本的变形是在水平方向上，还是在垂直方向上进行。
- "弯曲"文本框：用于设置文本扭曲的程度。
- "水平扭曲"文本框：用于设置文本在水平方向上的扭曲程度。
- "垂直扭曲"文本框：用于设置文本在垂直方向上的扭曲程度。

选择不同的样式，文本变形后的不同效果如图 5-29 所示。

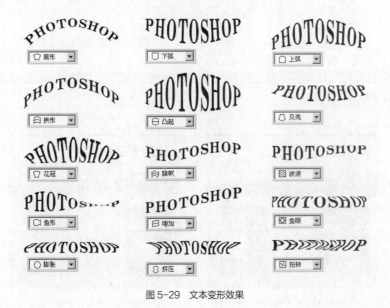

图 5-29　文本变形效果

下面灵活运用文字工具的变形功能来设计电子杂志，效果如图 5-30 所示，具体操作如下。

图 5-30 设计的电子杂志

（1）打开"图库/项目五/杂志背景.jpg"文件。

（2）新建"图层 1"，选择"矩形选框"工具 ，并在画面的上方位置从左向右拖曳，绘制矩形选区，为其填充黑色，效果如图 5-31 所示。

图 5-31 绘制的矩形选区

（3）将前景色设置为黑色，选择"直排文字"工具 ，并在画面的左上角位置输入图 5-32 所示的文字。

纯爱（第300期）CHUNAI

图 5-32 输入的文字（1）

（4）选择"直排文字"工具 ，在画面的右上方依次输入图 5-33 所示的文字。

（5）选择"浪漫"两字，将其颜色修改为红色（R:221,G:41,B:50）。新建"图层 2"，并将其调整至"夕阳下的浪漫"文字所在图层的下方。选择"矩形选框"工具 绘制出图 5-34 所示的灰色（R:167,G:165,B:165）矩形。

图 5-33 输入的文字（2）

图 5-34 绘制的灰色矩形

（6）按 Ctrl+D 组合键，取消选区，选择"直排文字"工具 **T**，依次输入图 5-35 所示的文字及字母。

图 5-35　输入的文字及字母

（7）将"每天对于我们来说都是新鲜的一天"文字所在的图层设置为当前图层，单击属性栏中的 **T** 按钮，在弹出的"变形文字"对话框中设置参数，如图 5-36 所示。

（8）单击 确定 按钮，文字变形后的效果如图 5-37 所示。

图 5-36　"变形文字"对话框设置

图 5-37　文字变形后的效果

（9）按 Ctrl+T 组合键，为变形后的文字添加自由变换框，将其旋转至图 5-38 所示的形态及位置，按 Enter 键确认变换。

（10）选择"直排文字"工具 **T**，输入图 5-39 所示的黑色文字。

图 5-38　旋转后的文字形态及位置

图 5-39　输入的文字

（11）单击属性栏中的 **T** 按钮，在弹出的"变形文字"对话框中设置选项及参数，如图 5-40 所示，单击 确定 按钮，将文字变形处理。

（12）执行"编辑"/"自由变换"命令，将变形后的文字旋转调整至图 5-41 所示的形态及位置。

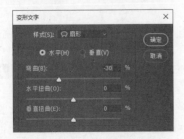

图 5-40　"变形文字"对话框设置

图 5-41　调整后的文字形态及位置

（13）用与步骤（10）～步骤（12）相同的方法，分别输入灰色和黑色文字并进行变形，依次制作出图 5-42 所示的两组文字效果。其文字变形的样式都为扇形，"弯曲"的数值分别为 40 和-40。

图 5-42　制作的变形文字

（14）至此，电子杂志设计完成，按 Shift+Ctrl+S 组合键，将此文件另存为"电子杂志设计.psd"。

任务三　文字的跟随路径输入

利用文字的跟随路径输入功能可以将文字沿着指定的路径放置。路径是由"钢笔"工具 ⊘ 或形状工具绘制的工作路径。输入的文字可以沿着路径边缘排列，也可以在路径内部排列，并且可以通过移动路径或编辑路径形状来改变文字的位置和排列形状。

下面利用文字沿路径排列功能制作图 5-43 和图 5-44 所示的文字效果。

图 5-43　沿路径边缘输入文字

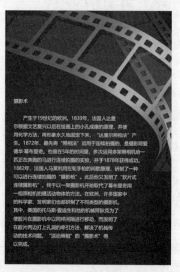

图 5-44　在闭合路径内输入文字

1. 沿路径边缘输入文字

沿路径边缘输入的文字为点文字，文字是沿路径方向排列的，输入文字后还可以沿着路径方向调整其位置和显示区域，具体操作如下。

（1）打开"图库/项目五/拱形门.jpg"文件，选择"钢笔工具" ⊘ 和"转换点"工具 ⊳，在拱形气模中绘制出图 5-45 所示的路径。

（2）选择"直排文字"工具 **T**，将鼠标指针放置到路径左端的起始点上，鼠标指针显示为 ⬧ 形状时单击，在单击处会出现一个输入光标，此处为文字的起点。路径的终点将显示一个小圆圈，从起点到终点就是路径文字的显示范围，此时沿路径输入需要的文字，效果如图 5-46 所示。

图 5-45　绘制的路径

图 5-46　沿路径输入文字

（3）按住鼠标左键向左拖曳，选择输入的文字，如图 5-47 所示。

（4）此时就可以在属性栏中修改文字的大小、字体、颜色等属性了，修改后的效果如图 5-48 所示。

图 5-47　选择文字

图 5-48　修改后的文字效果

（5）选择"路径选择"工具 ，在路径上文字的起点或终点位置按住鼠标左键并拖曳，可以调整文字在路径上的位置，效果如图 5-49 所示。

（6）选择"直线选择"工具 ，调整路径的形状以修改文字的位置，效果如图 5-50 所示。

图 5-49　调整文字在路径上的位置

图 5-50　调整路径形状

（7）按 Shift+Ctrl+S 组合键，将文件另存为"路径文字.psd"。

2．在闭合路径内输入文字

在闭合路径内输入文字相当于创建段落文字，当文字输入至路径边界时，系统将自动换行。如果输入的文字超出了路径所能容纳的范围，路径及定界框的右下角将出现溢出图标。在闭合路径内输入文字的具体操作如下。

（1）打开"图库/项目五/电影背景.jpg"文件。

（2）选择"钢笔"工具 ，在图像文件中绘制出图 5-51 所示的路径。

（3）选择"直排文字"工具 ，将鼠标指针移动到路径内部，当鼠标指针显示为 形状时单击，指定插入点，此时将在路径内显示闪烁的输入光标，并在路径外出现定界框，如图 5-52 所示。

图 5-51　绘制的路径

（4）在定界框中输入相应的段落文字，如图 5-53 所示。单击属性栏中的 ✓ 按钮，确认文字的输入。

图 5-52　显示的段落文本定界框　　　　　图 5-53　输入的文字

（5）打开"段落"面板，在"段落"面板中设置"首行缩进"为 48 点，如图 5-54 所示。

（6）按 Enter 键，设置缩进后的文字效果如图 5-55 所示。

图 5-54　设置"首行缩进"　　　　　图 5-55　设置"首行缩进"后的文字效果

（7）选择工具箱中的"直接选择"工具 ▶ 或"转换点"工具 ▶ 调整路径的形状，路径中的文字将自动更新以适应新路径的形状或位置，效果如图 5-56 所示。

图 5-56　路径中的文字跟随路径的改变而变化

（8）按 Ctrl+Shift+S 组合键，将当前文件另存为"闭合路径文字.psd"。

项目实训　设计宣传海报

本实训综合运用各种文字功能来设计景山花园的宣传海报，设计完成的宣传海报效果如图 5-57 所示。具体操作如下。

图 5-57　设计完成的宣传海报

（1）新建一个"宽度"为 25 厘米，"高度"为 17 厘米，"分辨率"为 150 像素/英寸，"颜色模式"为 RGB 颜色，"背景内容"为白色的文件。

（2）新建"图层 1"，将前景色设置为暗红色（R:180,G:0,B:5）。

（3）按 Ctrl+A 组合键，将画面全部选择，执行"编辑"/"描边"命令，在弹出的"描边"对话框中设置参数，如图 5-58 所示。

（4）单击"确定"按钮，描边后的效果如图 5-59 所示，按 Ctrl+D 组合键将选区取消选择。

图 5-58　"描边"对话框设置

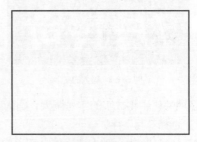

图 5-59　描边后的效果

（5）新建"图层 2"，选择"矩形选择"工具 ，绘制出图 5-60 所示的矩形选区。

（6）选择"渐变"工具 为选区由左至右填充从红色（R:230,G:0,B:18）到暗红色（R:165,G:0,B:0）的线性渐变色，效果如图 5-61 所示，然后将选区取消选择。

（7）打开"图库/项目五/花纹.psd"文件，将"图层 1"中的花纹移动复制到新建文件中生成"图层 3"。

图 5-60　绘制的矩形选区　　　　　　　　　图 5-61　填充渐变色后的效果

（8）按 Ctrl+T 组合键，为"图层 3"中的花纹图形添加自由变换框，并将其调整至图 5-62 所示的形状，按 Enter 键确认图像的变换操作。

（9）将"图层 3"的"图层混合模式"设置为点光，更改混合模式后的图像效果如图 5-63 所示。

（10）将"花纹.psd"文件中"图层 2"的花纹移动复制到新建文件中生成"图层 4"。

（11）按 Ctrl+T 组合键为"图层 4"中的花纹图形添加自由变换框，并将其调整至图 5-64 所示的形状，按 Enter 键确认图像的变换操作。

（12）将"图层 4"的"图层混合模式"设置为柔光，更改混合模式后的图像效果如图 5-65 所示。

图 5-62　调整后的图像形状　　图 5-63　更改混合模式后的　　图 5-64　调整后的图像形状　　图 5-65　更改混合模式后的
　　　　　　　　　　　　　　　　　　　图像效果　　　　　　　　　　　　　　　　　　　　　图像效果

（13）选择"直排文字"工具 **T**，输入图 5-66 所示的白色文字。

（14）将鼠标指针放置到数字"7"的左侧，按住鼠标左键并向右拖曳，选择数字"7"，如图 5-67 所示。

图 5-66　输入的文字　　　　　　　　　　　图 5-67　选择文字

（15）在属性栏中将数字的字号调大，确认后，再选择"矩形选框"工具 ▥ 绘制出图 5-68 所示的矩形选区，选择"月"字。

（16）按 Ctrl+T 组合键为选择的文字添加自由变换框，并将其调整至图 5-69 所示的形状，按 Enter 键确认文字的变换操作。

图 5-68　绘制的矩形选区　　　　　　　　　图 5-69　调整后的文字形状（1）

（17）用与步骤（15）～步骤（16）相同的方法依次将文字调整至图 5-70 所示的形状。

（18）选择"多边形套索"工具 ，按住 Shift 键依次绘制出图 5-71 所示的选区。

（19）按 Delete 键将选择的内容删除，效果如图 5-72 所示，然后将选区取消选择。

图 5-70　调整后的文字形状（2）　　　　图 5-71　绘制的选区　　　　　图 5-72　删除内容后的效果

（20）选择"钢笔工具" 和"转换点"工具 ，绘制并调整出图 5-73 所示的路径。

（21）按 Ctrl+Enter 组合键将路径转换为选区，并为选区填充上白色，效果如图 5-74 所示，然后将选区取消选择。

图 5-73　绘制的路径　　　　　　　　图 5-74　填充颜色后的效果

（22）执行"图层"/"图层样式"/"混合选项"命令，在弹出的"图层样式"对话框中设置参数，如图 5-75 所示。

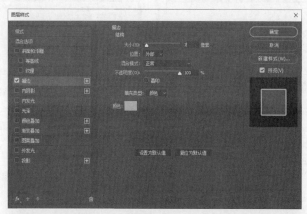

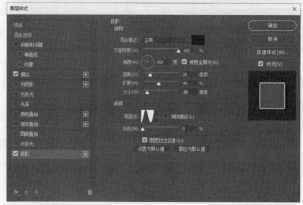

图 5-75　"图层样式"对话框设置

（23）单击 确定 按钮，添加图层样式后的文字效果如图 5-76 所示。

（24）打开"图库/项目五/客厅.jpg"文件，将其移动复制到新建文件中生成"图层 5"。

（25）按 Ctrl+T 组合键为"图层 5"中的图像添加自由变换框，并将其调整至图 5-77 所示的形状，按 Enter 键确认图像的变换操作。

图 5-76　添加图层样式后的文字效果

图 5-77　调整后的图片形状

（26）选择"多边形套索"工具 ，绘制出图 5-78 所示的选区。

（27）按 Delete 键将选择的内容删除，然后按 Ctrl+D 组合键将选区取消选择。

（28）打开"图库/项目五/卧室.jpg"文件，将其移动复制到新建文件中生成"图层 6"，并将其调整大小后放置到图 5-79 所示的位置。

图 5-78　绘制的选区

图 5-79　图片放置的位置

（29）按住 Ctrl 键，单击"图层 5"左侧的图层缩略图，载入其图像选区。

（30）将"图层 6"设置为当前图层，按 Delete 键删除选择的内容，效果如图 5-80 所示，将选区取消选择，然后将其水平向右移动一点，调整出图 5-81 所示的效果。

图 5-80　删除后的效果

图 5-81　移动后的图片位置

（31）打开"图库/项目五/浴室.jpg"文件，将其移动复制到新建文件中生成"图层 7"，并将其调整大小后放置到图 5-82 所示的位置。

（32）灵活运用"多边形套索"工具 ，制作出图 5-83 所示的图像效果。

图 5-82　图片放置的位置

图 5-83　制作出的图像效果

（33）打开"图库/项目五/景山标志.psd"的图片文件，将其移动复制到新建文件中生成"图层8"，并将其调整大小后放置到画面的左上角，如图 5-84 所示。

（34）新建"图层 9"，选择"矩形选框"工具 ，在标志图形的右侧位置绘制出图 5-85 所示的暗红色（R:165,G:0,B:0）矩形。

图 5-84　标志图形放置的位置

图 5-85　绘制的暗红色矩形

（35）选择"直排文字"工具 ，在画面中按住鼠标左键并拖曳，绘制出图 5-86 所示的文字定界框，在定界框中输入图 5-87 所示的文字。

图 5-86　绘制的文字定界框

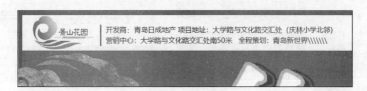
图 5-87　输入的文字

（36）选择"钢笔"工具 和"转换点"工具 ，绘制并调整出图 5-88 所示的路径。

（37）选择"直排文字"工具 ，将鼠标指针移动到绘制路径的起点位置，当鼠标指针显示为图 5-89 所示的形状时单击，确定文字的输入点。

（38）在属性栏中设置合适的字体及字号大小，依次输入图 5-90 所示的白色文字。

（39）选择"直排文字"工具 依次输入图 5-91 所示的白色文字。

图 5-88　绘制的路径

图 5-89　鼠标指针显示的形状

图 5-90　输入的文字（1）

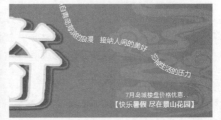
图 5-91　输入的文字（2）

（40）将鼠标指针放置到"景"字的左侧，按住鼠标左键并向右拖曳，选择"景山花园"文字，如图 5-92 所示。

（41）单击属性栏中的□□色块，在弹出的"选择文本颜色"对话框中设置颜色为深黄色（R:255，G:185，B:85）。

（42）单击 确定 按钮，再单击属性栏中的 ✓ 按钮确认文字的输入，效果如图 5-93 所示。

图 5-92　选择文字

图 5-93　修改颜色后的文字效果

（43）选择"直排文字"工具 T，依次输入图 5-94 所示的文字。

图 5-94　输入的文字

（44）新建"图层 11"，选择"矩形选框"工具，绘制出图 5-95 所示的灰色（R:202，G:202，B:202）矩形。

至此，宣传海报设计完成，效果如图 5-96 所示。

（45）按 Ctrl+S 组合键，将文件命名为"宣传海报设计.psd"并保存。

图 5-95　绘制的矩形　　　　　　　　　　　　　　　　　　图 5-96　海报最终效果

项目拓展　文字转换练习

在 Photoshop CC 2018 中，可以将输入的文字转换成工作路径和形状进行编辑，也可以将其进行栅格化处理。另外，还可以将输入的点文字与段落文字进行转换。本拓展任务将进行文字转换练习。

（1）将文字转换为工作路径

输入文字后，执行"文字"/"创建工作路径"命令，即可在文字的边缘创建工作路径。输入文字后，按住 Ctrl 键单击"图层"面板中的文字图层，为输入的文字添加选区。打开"路径"面板，单击面板右上角的 按钮，在弹出的面板菜单中执行"建立工作路径"命令，在弹出的"建立工作路径"对话框中设置适当的"容差"值后单击 确定 按钮，也可将文字转换为工作路径。

（2）将文字转换为形状

输入文字后，执行"文字"/"转换为形状"命令，即可将文字转换为形状，此时文字将变为图像，不再具有文字的属性。

（3）将文字图层转换为普通图层

在"图层"面板中的文字图层上单击鼠标右键，在弹出的快捷菜单中执行"栅格化图层"命令或执行"文字"/"栅格化文字图层"命令，即可将文字图层转换为普通图层。

（4）点文字与段落文字相互转换

- 执行"文字"/"转换为点文本"命令，可将段落文字转换为点文字。
- 执行"文字"/"转换为段落文本"命令，可将点文字转换为段落文字。

下面利用文字转换命令，制作图 5-97 和图 5-98 所示的文字效果。

图 5-97　将文字转换为工作路径　　　　　　　　　　　　图 5-98　将文字转换为形状

1. 文字转换为工作路径练习

将文字转换为工作路径的具体操作如下。

（1）打开"图库/项目五/壁纸.jpg"文件，将前景色设置为白色。

（2）选择"直排文字"工具 **T**，在画面中输入图 5-99 所示的英文字母，执行"文字"/"创建工作路径"命令，将文字转换为工作路径，如图 5-100 所示。

图 5-99　输入的英文字母　　　　　图 5-100　文字转换为工作路径后的形状

（3）单击"图层"面板底部的 按钮，在弹出的图 5-101 所示的提示对话框中单击 **是(Y)** 按钮，将文字图层删除，删除后的效果如图 5-102 所示。

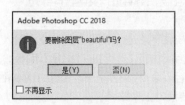 

图 5-101　提示对话框　　　　　　图 5-102　删除文字图层后的效果

（4）选择"移动"工具 ，在画面中选择文字路径，选择路径后的效果如图 5-103 所示。

（5）执行"编辑"/"变换路径"/"扭曲"命令，为路径添加自由变换框，将鼠标指针移动到自由变换框右上角的控制点上，按住鼠标左键并向左拖曳，将路径调整为图 5-104 所示的形状。

图 5-103　选择路径后的效果　　　　　图 5-104　调整路径形状

（6）用与步骤（5）相同的方法，分别将鼠标指针移动到自由变换框左上角的控制点和上方中间的控制点上对路径进行调整，效果如图 5-105 所示。

图 5-105　调整路径时的效果

（7）按 Enter 键确认路径的变形操作。

（8）新建"图层1"，选择"画笔"工具 ，单击属性栏中的 按钮，在弹出的"画笔设置"面板中设置参数，如图 5-106 所示。

（9）将前景色设置为白色，单击"路径"面板底部的 按钮，用前景色为路径描边。

（10）单击"路径"面板底部的 按钮将路径删除，此时效果如图 5-107 所示。

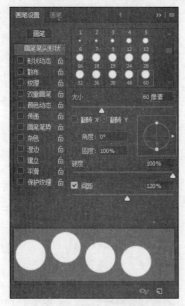

图 5-106 "画笔设置"面板设置

图 5-107 删除路径后的效果

（11）按 Shift+Ctrl+S 组合键，将此文件另存为"描绘路径文字.psd"。

2. 文字转换为形状练习

（1）打开"图库/项目五/壁纸.jpg"文件，将前景色设置为绿色（R:70,G:193,B:64），并在画面中输入文字，如图 5-108 所示。

（2）执行"文字"/"转换为形状"命令，将输入的文字转换为形状。

（3）选择"自定形状"工具 ，执行"编辑"/"定义自定形状"命令，弹出"形状名称"对话框，单击 确定 按钮，完成自定义"形状"的操作。

（4）在"图层"面板中将转换后的形状图层删除，并新建一个"图层1"。

（5）选择"自定形状"工具 ，单击属性栏中"形状"选项后的 按钮，在弹出的"自定形状"工具 面板中选择自定义的"形状1"，如图 5-109 所示。

图 5-108 输入文字

图 5-109 "自定形状"工具面板

（6）在属性栏中选择 像素 选项，并设置属性栏如图 5-110 所示。

图 5-110 "自定形状"工具的属性栏设置

（7）按住 Shift 键在画面中拖曳鼠标指针，即可绘制出图 5-111 所示的自定义形状文字。

（8）按 Shift+Ctrl+S 组合键，将此文件另存为"形状文字.psd"。

图 5-111 利用自定义形状绘制文字

习题

（1）打开"图库/项目五/习题 1/背景.jpg"文件，用本项目介绍的文字工具，设计出图 5-112 所示的广告。

（2）打开"图库/项目五/习题 2/标志.psd"文件，用本项目介绍的沿路径输入文字功能在图形中输入文字，制作出图 5-113 所示的标志图形。

图 5-112 广告效果

图 5-113 标志图形

06

项目六
其他工具的应用

除了前面几个项目介绍的工具，Photoshop CC 2018 工具箱中还有许多其他工具，如"裁剪""橡皮擦""切片""注释""计数"等工具。虽然这些工具的运用不是很频繁，但它们在图像处理过程中也是必不可少的。本项目主要介绍几种常用工具的使用技巧，熟练掌握这些工具的应用方法，有助于读者提升在图像处理过程中操作的灵活性。

知识技能目标

- 掌握各种裁剪图像的方法；
- 掌握"橡皮擦"工具的应用；
- 熟悉"切片"工具的功能及使用方法；
- 了解"标尺"工具、"注释"工具和"计数"工具的应用。

任务一　裁剪图像

在作品绘制及照片处理中，裁剪图像是调整图像大小必不可少的操作。使用裁剪图像的工具可以对图像进行重新构图裁剪、按照固定的大小比例裁剪、旋转裁剪及透视裁剪等操作。本任务介绍裁剪图像工具的使用方法。

在 Photoshop CC 2018 中，可用于裁剪图像的工具有以下两个："裁剪"工具 🔳 和"透视裁剪"工具 🔳 。

（1）裁剪图像

裁剪图像的操作步骤为：打开需要裁剪的图像文件，选择"裁剪"工具 🔳 或"透视裁剪"工具 🔳 ，在图像文件中要保留的图像区域按住鼠标左键并拖曳创建裁剪框，并对裁剪框的大小、位置及形态进行调整，调整完成后，单击属性栏中的 ☑ 按钮，即可确认裁剪操作。

要确认裁剪操作，除了可以单击 ☑ 按钮，还可以通过按 Enter 键或在裁剪框内双击确认裁切。若要取消裁剪操作，可以按 Esc 键或者单击属性栏中的 ⊘ 按钮。

（2）调整裁剪框

当在图像文件中创建裁剪框后，可对其进行调整，具体操作如下。

- 将鼠标指针放置在裁剪框内，按住鼠标左键并拖曳可调整裁剪框的位置。
- 将鼠标指针放置到裁剪框的各角控制点上，按住鼠标左键拖曳可调整裁剪框的大小；若按住 Shift 键和鼠标左键拖曳可等比例缩放裁剪框；若按住 Alt 键拖曳鼠标指针，可以调节中心为基准对称缩放裁剪框；若按住 Shift+Alt 键拖曳鼠标指针，可以调节中心为基准等比例缩放裁剪框。
- 将鼠标指针放置在裁剪框外，当鼠标指针显示为旋转符号时按住鼠标左键拖曳，可旋转裁剪框。将鼠标指针放置在裁剪框内部的中心点上，按住鼠标左键拖曳可调整中心点的位置，以改变裁剪框的旋转中心。注意，如果图像的模式是位图模式，则无法旋转裁剪选框。

将鼠标指针放置到透视裁剪框各角点位置，按住鼠标左键并拖曳，可调整裁剪框的形态。在调整透视裁剪框时，无论裁剪框调整得多么不规则，确认后，系统都会自动将保留下来的图像调整为规则的矩形图像。

下面就使用这些工具，对图像进行各种裁剪操作。

1. 重新构图裁剪照片

在照片处理过程中，当主要景物太小，而周围的多余空间较大时，可以利用"裁剪"工具 🔳 对其进行裁剪处理，使照片的主题更为突出。

下面重新构图裁剪照片，照片裁剪前后的效果如图 6-1 所示，具体操作如下。

（1）打开"图库/项目六/照片 01.jpg"文件。

（2）选择"裁剪"工具 🔳 ，单击属性栏中的 🔳 按钮，在弹出的面板中设置选项，如图 6-2 所示。

（3）将鼠标指针移动到画面中的人物周围，按住鼠标左键拖曳，绘制出裁剪框，如图 6-3 所示。

图 6-1　素材图片及裁剪后的效果

图 6-2　设置的选项　　　　　　　图 6-3　绘制的裁剪框

　知识提示

　　如果不勾选属性栏中的"删除裁剪的像素"复选框，裁剪图像后并没有真正将裁剪框外的图像删除，只是将其隐藏在画布之外，在文档窗口中移动图像还可以看到被隐藏的部分。这种情况下，图像被裁剪后，"背景"图层会自动转换为普通图层。

（4）对裁剪框的大小进行调整，效果如图 6-4 所示。

（5）单击属性栏中的 ✓ 按钮，确认裁剪操作，裁剪后的效果如图 6-5 所示。

图 6-4　调整后的裁剪框　　　　　　图 6-5　裁剪后的效果

（6）按 Shift+Ctrl+S 组合键将此文件另存为"裁剪 01.jpg"。

2.　固定比例裁剪照片

　　照相机及照片冲印机都是按照固定的尺寸来拍摄和冲印的，所以对照片进行后期处理时，照片的尺寸要符合冲印机的尺寸要求，而在"裁剪"工具 ✄ 的属性栏中可以按照固定的比例对照片进行裁剪。

　　下面对照片进行调整，以固定比例裁剪照片，照片裁剪前后的效果如图 6-6 所示，具体操作如下。

（1）打开"图库/项目六/照片 02.jpg"文件。

（2）选择"裁剪"工具 ✄ ，在属性栏中的 比例 ∨ 下拉列表中选择"4：5（8：10）"选项，将鼠标指针移动到画面中的人物周围，按住鼠标左键拖曳，此时画面中会生成该比例的裁剪框，效果如图 6-7 所示。

（3）将鼠标指针移动到裁剪框内，按住鼠标左键向右移动裁剪框，使人物在裁剪框内居中，按 Enter 键确认图像的裁剪，即可完成按比例裁剪图像，效果如图 6-8 所示。

图 6-6　照片裁剪前后的效果

图 6-7　自动生成的裁剪框　　　　　　　　　　图 6-8　裁剪后的效果

（4）按 Shift+Ctrl+S 组合键，将此文件另存为"裁剪 02.jpg"。

3. 旋转裁剪倾斜的图像

在拍摄或扫描照片时，可能会由于某种原因而导致画面中的主体图像出现倾斜的现象，此时可以利用"裁剪"工具 来进行旋转裁剪修整。

下面旋转裁剪倾斜的图像，原图与裁剪后的效果对比如图 6-9 所示。

（1）打开"图库/项目六/照片 03.jpg"文件。

（2）选择"裁剪"工具 ，在属性栏中的 比例 下拉列表中选择"原始比例"选项。

（3）此时在图像周围自动生成一个裁剪框，将鼠标指针移动到裁剪框外，当鼠标指针变成 形状时，按住鼠标左键并向右下方拖曳，将裁剪框旋转到图 6-10 所示的位置。

（4）对裁剪框的大小进行调整，效果如图 6-11 所示。

图 6-9　原图与裁剪后的效果　　　　　图 6-10　旋转裁剪框　　图 6-11　调整裁剪框大小

（5）单击属性栏中的 按钮，确认图片的裁剪操作，按 Shift+Ctrl+S 组合键，将此文件另存为"裁剪 03.jpg"。

4. 拉直倾斜的照片

在 Photoshop CC 2018 中，使用"裁剪"工具 🔲 中的拉直功能，可以将倾斜的照片旋转矫正，以达到更加理想的效果。

下面拉直倾斜的照片，图片拉直前后的效果如图 6-12 所示，具体操作如下。

图 6-12　图片拉直前后的效果

（1）打开"图库/项目六/照片 04.jpg"文件。

（2）选择"裁剪"工具 🔲，单击属性栏中的 🔲 按钮，沿着水平线位置拖曳出图 6-13 所示的裁剪线。

（3）释放鼠标左键后，系统根据绘制的裁剪线生成图 6-14 所示的裁剪框。

图 6-13　绘制裁剪线　　　　　　　　　图 6-14　生成裁剪框

（4）单击属性栏中的 ✅ 按钮，确认图片的裁剪操作，此时倾斜的水平面就被矫正过来了。

（5）按 Shift+Ctrl+S 组合键，将此文件另存为"裁剪 04.jpg"。

5. 透视裁剪倾斜的照片

在拍摄照片时，有时会由于拍摄者所站的位置或角度不合适而拍摄出具有严重透视效果的照片，此类照片可以通过"透视裁剪"工具 🔲 进行透视矫正。照片裁剪前后的效果如图 6-15 所示，具体操作如下。

图 6-15　照片裁剪前后的效果

（1）打开"图库/项目六/照片 05.jpg"文件。

（2）选择"透视裁剪"工具，绘制透视裁剪框。将鼠标指针移动到裁剪框左上角的控制点上，按住鼠标左键并向右拖曳，状态如图 6-16 所示。

（3）用相同的方法，对裁剪框右上角的控制点进行调整，使裁剪框与建筑物楼体垂直方向的边缘线平行，效果如图 6-17 所示。

图 6-16　调整透视裁剪框（1）　　　　　　图 6-17　调整透视裁剪框（2）

（4）按 Enter 键确认图片的裁剪操作，对图像的透视进行矫正。

（5）按 Shift+Ctrl+S 组合键，将此文件另存为"裁剪 05.jpg"。

任务二　擦除图像背景

擦除图像工具主要是用来擦除图像中不需要的区域。共有 3 种擦除图像工具，分别为"橡皮擦"工具、"背景橡皮擦"工具和"魔术橡皮擦"工具。本任务介绍这 3 种工具的使用方法。

- 利用"橡皮擦"工具擦除图像时，若在"背景"图层或被锁定透明的普通图层中擦除，则被擦除的部分将更改为工具箱中显示的背景色；若在普通图层擦除，则被擦除的部分将显示为透明色，效果如图 6-18 所示。

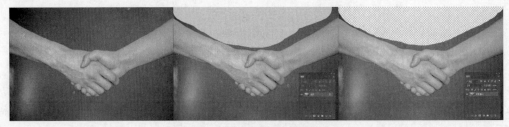

图 6-18　两种不同图层的擦除效果

- 利用"背景橡皮擦"工具擦除图像时，无论是在"背景"图层还是普通图层上，都可以将图像中的特定颜色擦除为透明色，并且将"背景"图层自动转换为普通图层，效果如图 6-19 所示。

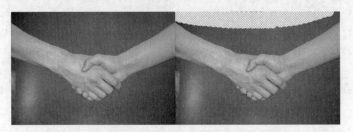

图 6-19　使用"背景橡皮擦"工具擦除背景后的效果

- "魔术橡皮擦"工具 具有"魔棒"工具 的特征。当图像中含有大片相同或相近的颜色时，利用"魔术橡皮擦"工具 在要擦除的颜色区域内单击，可以一次性擦除图像中所有与其相同或相近的颜色，并可以通过"容差"值来控制擦除颜色的范围。

（1）"橡皮擦"工具 的属性栏如图 6-20 所示。

图 6-20 "橡皮擦"工具的属性栏

- "模式"下拉列表：用于设置橡皮擦擦除图像的方式，包括"画笔""铅笔""块"3 个选项。
- "抹到历史记录"复选框：勾选此复选框，"橡皮擦"工具 就具有了"历史记录画笔"工具 的功能。

（2）"背景橡皮擦"工具 的属性栏如图 6-21 所示。

图 6-21 "背景橡皮擦"工具的属性栏

- "取样"按钮 ：用于控制背景橡皮擦的取样方式。单击"连续"按钮 ，拖曳鼠标指针擦除图像时，将随着鼠标指针的移动随时取样；单击"一次"按钮 ，只替换第一次单击取样的颜色，在拖曳鼠标指针过程中不再取样；单击"背景色板"按钮 ，不在图像中取样，而是由工具箱中的背景色决定擦除的颜色范围。
- "限制"下拉列表：用于控制背景橡皮擦擦除颜色的范围。选择"不连续"选项，可以擦除图像中所有与取样颜色相似的颜色；选择"连续"选项，只能擦除所有与取样颜色相似且与取样点相连的颜色；选择"查找边缘"选项，在擦除图像时将自动查找与取样点相连的颜色边缘，以便更好地保持颜色边界。
- "保护前景色"复选框：勾选此复选框，将无法擦除图像中与前景色相同的颜色。

（3）"魔术橡皮擦"工具 的属性栏如图 6-22 所示，其中的选项在前面已经讲解，此处不再赘述。

图 6-22 "魔术橡皮擦"工具的属性栏

下面灵活运用各种橡皮擦工具对图像背景进行擦除，原图及擦除后的图像效果如图 6-23 所示，具体操作如下。

图 6-23 原图及擦除后的图像效果

（1）打开"图库/项目六/照片 06.jpg"文件。

（2）选择"魔术橡皮擦"工具，将鼠标指针移动到左上方的灰蓝色背景位置单击，即可将该处的背景擦除，效果如图 6-24 所示。

（3）移动鼠标指针至其他的背景位置，依次单击对图像进行擦除，效果如图 6-25 所示。

图 6-24　鼠标指针放置的位置及擦除后的效果　　　　　图 6-25　擦除后的效果

> **知识提示**
>
> 　　也许读者擦除后的效果与本例给出的不完全一样，这是因为单击位置的不同，擦除的效果也会不相同。此处只要沿图像擦除背景即可。

（4）选择"橡皮擦"工具 ，在属性栏中的 下拉列表上单击，在弹出的"笔头设置"面板中设置笔头大小，如图 6-26 所示。

（5）将属性栏中"不透明度"设置为 100%，将鼠标指针移动到图像边缘的蓝色背景位置，按住鼠标左键并拖曳，将花形以外的多余图像擦除，效果如图 6-27 所示。

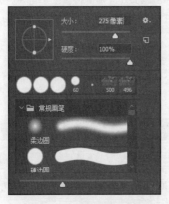

图 6-26　"笔头设置"面板　　　　　　　　　　图 6-27　擦除后的效果

（6）选择"背景橡皮擦"工具 ，将笔头大小设置为 70 像素，设置属性栏中各选项及参数如图 6-28 所示。

图 6-28　"背景橡皮擦"工具的属性栏设置

（7）将鼠标指针移动到图 6-29 所示的背景位置，单击即可将该处背景擦除。

（8）将鼠标指针依次移动到其他的背景位置单击，擦除图像，全部擦除后的效果如图 6-30 所示。

图 6-29　鼠标指针放置的位置　　　　　　　　　图 6-30　擦除全部背景后的效果

在利用"背景橡皮擦"工具 擦除图像时，要注意鼠标指针的中心不要触及红色的花瓣。另外，要在背景图像上单击，不要拖曳鼠标指针，这样系统会自动识别图像的边缘。

（9）按 Shift+Ctrl+S 组合键，将此文件命名为"擦除背景.psd"并进行保存。

项目实训一　切片工具的应用

切片工具包括"切片"工具 和"切片选择"工具 。"切片"工具 主要用于分割图像，"切片选择"工具 主要用于编辑切片。本实训将介绍切片工具的应用。

1. 创建切片

选择"切片"工具 ，将鼠标指针移动到图像文件中，按住鼠标左键并拖曳，释放鼠标左键后，即可在图像文件中创建切片，效果如图 6-31 所示。

2. 调整切片

将鼠标指针放置到切片的任意边缘位置，当鼠标指针显示为双向箭头时按住鼠标左键并拖曳，可调整切片的大小，如图 6-32 所示。将鼠标指针移动到切片内，按住鼠标左键并拖曳，可调整切片的位置，释放鼠标左键后，图像文件中将产生新的切片效果。

图 6-31　创建切片后的图像文件　　　　　　　图 6-32　切片调整时的效果

3. 选择切片

选择"切片选择"工具 ，将鼠标指针移动到图像文件中的任意切片内单击，可选择该切片。按住 Shift 键依次单击切片，可选择多个切片。在选择的切片上单击鼠标右键，在弹出的快捷菜单中执行"组合切片"命令，可将选择的切片组合。

系统默认被选择的切片边线为橙色，其他切片边线为蓝色。利用"切片选择"工具 选择图像文件中切片名称为灰色的切片，单击属性栏中的 提升 按钮，可以将当前选择的切片激活，即左上角的切片名称显示为蓝色。

4. 显示与隐藏自动切片

创建切片后，单击"切片选择"工具 属性栏中的 隐藏自动切片 按钮，可将自动切片隐藏。此时，隐藏自动切片 按钮显示为 显示自动切片 按钮。单击 显示自动切片 按钮，即可显示自动切片。

5. 设置切片堆叠顺序

切片重叠时，最后创建的切片位于最顶层，如果要查看底层的切片，可以更改切片的堆叠顺序，将选择的切片置于顶层、置于底层或上下移动一层。当需要调整切片的堆叠顺序时，可以通过单击属性栏中的堆叠按钮来完成。

- "置为顶层"按钮 ：将选择的切片调整至所有切片的最顶层。
- "前移一层"按钮 ：将选择的切片向上移动一层。
- "后移一层"按钮 ：将选择的切片向下移动一层。
- "置为底层"按钮 ：将选择的切片调整至所有切片的最底层。

6. 平均分割切片

在 Photoshop CC 2018 中，可以将现有的切片进行平均分割。在工具箱中选择"切片选择"工具 ，在图像窗口中选择一个切片，单击属性栏中的 划分… 按钮，弹出"划分切片"对话框，如图 6-33 所示。

- 勾选"水平划分为"复选框，可以通过添加水平分割线将当前切片在高度上进行分割。

设置"个纵向切片，均匀分隔"值，决定当前切片在高度上被分为几份。设置"像素/切片"值，决定几个像素的高度划分一个切片。如果剩余切片的高度小于"像素/切片"值，则停止切割。

图 6-33 "划分切片"对话框

- 勾选"垂直划分为"复选框，可以通过添加垂直分割线将当前切片在宽度上进行分割。

设置"个横向切片，均匀分隔"值，决定当前切片柱宽度上被平均分为几份。设置"像素/切片"值，决定几个像素的宽度划分一个切片。如果剩余切片的宽度小于"像素/切片"值，则停止切割。

- 勾选"预览"复选框，可以在图像窗口中预览切割效果。

7. 设置切片选项

使用切片功能不仅可以将图像分为较小的部分以便在网页上显示，还可以通过适当设置切片的选项来实现一些链接及信息提示等功能。

在工具箱中选择"切片选择"工具 ，在图像窗口中选择一个切片，单击属性栏中的"为当前切片设置选项"按钮 ，弹出的"切片选项"对话框，如图 6-34 所示。

图 6-34 "切片选项"对话框

- "切片类型"下拉列表：选择"图像"选项表示当前切片在网页中显示为图像；选择"无图像"选项，表示当前切片的图像在网页中不显示，但可以设置显示文字信息；选择"表"选项可以在切片中设置嵌套表。
- "名称"文本框：显示当前切片的名称和编号，也可自行设置，如输入名称"蝴蝶-03"，表示当前打开的图像文件名称为"蝴蝶"，当前切片的编号为"03"。
- "URL"文本框：设置在网页中单击当前切片可链接的网络地址。
- "目标"文本框：可以决定在网页中单击当前切片时，是在网络浏览器中弹出一个新窗口打开链接网页，还是在当前窗口中直接打开链接网页；输入"_self"表示在当前窗口中打开链接网页，输入"_Blank"表示在新窗口中打开链接网页，如果"目标"文本框不输入内容，默认为在新窗口中打开链接网页。
- "信息文本"文本框：用于设置当鼠标指针移动到当前切片上时，网络浏览器下方信息行中显示的内容。
- "Alt 标记"文本框：用于设置当鼠标指针移动到当前切片上时弹出的提示信息，当网络上不显示图片时，图片位置将显示"Alt 标记"文本框中的内容。
- "尺寸"选项组："X"值和"Y"值为当前切片的坐标，"W"值和"H"值为当前切片的宽度和高度。
- "切片背景类型"下拉列表：可以设置切片背景的颜色，如果切片图像不显示时，网页上该切片相应的位置上显示背景色。

8. 锁定切片和清除切片

执行"视图"/"锁定切片"命令，可将图像中的所有切片锁定，此时将无法对切片进行任何操作。再次执行"视图"/"锁定切片"命令，可将切片解锁。

利用"切片选择"工具 选择一个切片，按 BackSpace 键或 Delete 键即可将该切片删除。删除了切片后，系统将会重新生成自动切片以填充文档区域。如要删除所有切片和基于图层的切片（注意，无法删除自动切片），可执行"视图"/"清除切片"命令。将所有切片清除后，系统会生成一个包含整个图像的自动切片。

知识提示

删除基于图层的切片并不会删除相关的图层，但是删除图层会删除基于图层生成的切片。

项目实训二　标尺、注释和计数工具的应用

本实训将介绍"标尺"工具 、"注释"工具 和"计数"工具 的使用方法。

1. "标尺"工具的使用方法

"标尺"工具 是用来测量图像中两点之间的距离、角度等数据信息的工具。

（1）测量长度

在图像中的任意位置拖曳鼠标指针，即可创建测量线。将鼠标指针移动至测量线、测量起点或测量终点上，当鼠标指针变成 形状时，拖曳鼠标指针可以移动它们的位置。

此时，属性栏中会显示测量的结果，如图 6-35 所示。

| X: 0.00 | Y: 0.00 | W: 0.00 | H: 0.00 | A: 0.0° | L1: 0.00 | L2: | □ 使用测量比例 | 拉直图层 | 清除 |

图 6-35　"标尺"工具测量长度时的属性栏

- "X"值、"Y"值为测量起点的坐标值。
- "W"值、"H"值为测量起点与终点的水平、垂直距离。
- "A"值为测量线与水平方向的角度。
- "L1"值为当前测量线的长度。
- 勾选"使用测量比例"复选框，就可以用选择的比例单位测量并接收计算和记录结果。
- 利用标尺工具在画面中绘制标线后，单击 拉直图层 按钮，可将图层变换，使图像与标尺工具拉出的直线平行。
- 单击 清除 按钮，可以把当前测量的数值和图像中的测量线清除。

 按住 Shift 键在图像中拖曳鼠标指针，可以建立角度以 45° 为增量的测量线，也就是可以在图像中建立水平测量线、垂直测量线及与水平或垂直方向成 45° 角的测量线。

（2）测量角度

在图像中的任意位置拖曳鼠标指针创建一条测量线，按住 Alt 键将鼠标指针移动至创建的测量线的端点处，当鼠标指针显示为带加号的角度符号时，拖曳鼠标指针即可创建第二条测量线，效果如图 6-36 所示。

此时属性栏中会显示测量角的结果，如图 6-37 所示。

图 6-36　创建的测量角

| | X: 477.00 | Y: 470.00 | W: | H: | A: 80.6° | L1: 270.49 | L2: 391.86 | ☐ 使用测量比例 | 拉直图层 | 清除 |

图 6-37　"标尺"工具测量角度时的属性栏

- "X"值、"Y"值为两条测量线的交点，即测量角的顶点坐标。
- "A"值为测量角的角度。
- "L1"值为第一条测量线的长度。
- "L2"值为第二条测量线的长度。

 按住 Shift 键在图像中拖曳鼠标指针，可以创建水平、垂直或以 45° 为增量的测量线。按住 Shift+Alt 组合键，可以测量以 45° 为增量的角度。

2. "注释"工具的使用方法

选择"注释"工具 ，将鼠标指针移动到图像文件中，鼠标指针变成 形状时，单击或拖曳鼠标指针，弹出"注释"面板，如图 6-38 所示。在属性栏中设置注释的作者、注释文字的大小及注释框的颜色，在"注释"面板的文本框中输入要说明的文字即可创建注释。

图 6-38　"注释"面板

将鼠标指针放置在注释图标上，按住鼠标左键并拖曳可移动注释的位置。选择注释图标，按 Delete 键可将选择的注释删除；如果想同时删除图像中的多个注释，单击属性栏中的 清除全部 按钮即可。

3．"计数"工具的使用方法

"计数"工具 $1_2{}^3$ 用于在图像中按照顺序标记数字符号，也可用于统计图像中对象的个数。

"计数"工具 $1_2{}^3$ 的属性栏如图 6-39 所示。

图 6-39 "计数"工具的属性栏

- "计数"文本框用来显示总的计数数目。
- "计数组"类似于图层组，每个计数组都可以有自己的名称、标记和标签大小及颜色。单击 ▢ 按钮可以创建计数组；单击 ◉ 按钮可显示或隐藏计数组；单击 🗑 按钮可以删除创建的计数组。
- 单击 清除 按钮，可将当前计数组中的计数全部清除。
- 单击颜色块，可以打开"拾色器"对话框设置计数组的颜色。
- "标记大小"文本框可输入 1～10 的值，用于定义计数标记的大小。
- "标签大小"文本框可输入 8～72 的值，用于定义计数标签的大小。

项目拓展　标尺、参考线和网格

标尺、参考线和网格是 Photoshop CC 2018 中的辅助工具，它们可以在绘制和移动图形的过程中，帮助用户精确地定位和对齐图形。本拓展任务介绍这些工具的作用。

1．标尺

标尺的主要作用是度量当前图像的尺寸，同时对图像进行辅助定位，使设计更加准确。

（1）显示或隐藏标尺

执行"视图"/"标尺"命令或按 Ctrl+R 组合键，即可在当前的图像中显示或隐藏标尺。如果显示标尺，标尺会出现在当前图像的左侧和顶部，效果如图 6-40 所示。在移动鼠标指针时，标尺内将显示鼠标指针当前位置的标记。

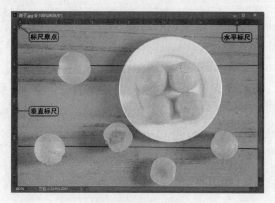

图 6-40 显示的标尺

（2）重新设置标尺原点

可以更改标尺原点，即更改标尺左上角(0,0)点的位置，可将图像上的任意点设置为标尺原点。

> 标尺原点还决定了网格的原点，移动标尺的原点后，网格也会进行相应的变化。只有标尺和网格都处于显示状态时才可看出效果。

将鼠标指针移动到标尺左上角的(0,0)位置，按住鼠标左键，沿对角线向下拖曳鼠标指针，此时将出现一组十字线，拖曳鼠标指针至合适位置后释放鼠标左键，标尺的原点即设置到释放左键时的位置，如图 6-41 所示。

> 按住 Shift 键拖曳鼠标指针，可以让标尺原点与标尺的刻度对齐。标尺原点改变后，双击标尺左上角的交叉点，可将标尺原点还原为默认位置。

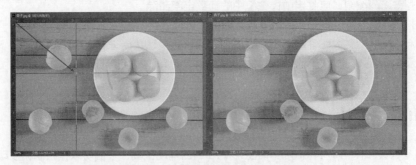

图 6-41　设置新的标尺原点和设置后的位置

2. "单位与标尺" 系统设置

执行"编辑"/"首选项"/"单位与标尺"命令，弹出图 6-42 所示的"首选项"对话框的"单位与标尺"界面。

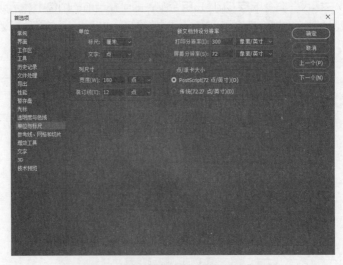

图 6-42　"首选项"对话框的"单位与标尺"界面

（1）"单位"选项组

- "标尺"下拉列表：在其右侧的下拉列表中，可选择标尺使用的单位。
- "文字"下拉列表：在其右侧的下拉列表中，可选择输入文字的单位。

（2）"列尺寸"选项组

- "宽度"文本框：用于设置图像文件所用的列宽，在右侧的下拉列表中可选择单位。
- "装订线"文本框：用于设置装订线的宽度，在右侧的下拉列表中可选择单位。

 知识提示　　如果希望将 Photoshop CC 2018 中的图像导入其他应用程序中，且图像正好占据特定数量的列，可使用"列尺寸"选项组设置图像的宽度及装订线的宽度。

（3）"新文档预设分辨率"选项组

- "打印分辨率"文本框：设置用于打印的预设分辨率，在右侧的下拉列表中可选择单位。
- "屏幕分辨率"文本框：设置用于新建文件的屏幕预设分辨率，在右侧的下拉列表中可选择单位。

（4）"点/派卡大小"选项组

- "PostScript(72 点/英寸)"单选按钮：如果打印到 PostScript 设备，可选择此单选按钮。
- "传统(72.27 点/英寸)"单选按钮：选择此单选按钮，将使用传统打印机的 72.27 点/英寸进行打印。

3. 参考线

参考线是显示在图像文件中但不会被打印的有效辅助线条。可以移动或删除参考线，也可以锁定参考线，以免不小心将其移动或删除。

（1）创建参考线

在当前图像显示的标尺内，按住鼠标左键向画面中拖曳鼠标指针，可以创建图 6-43 所示的参考线。

 多学一招　　在手动创建参考线时，按住 Shift 键可创建与标尺刻度对齐的参考线。按住 Alt 键，在垂直标尺上拖曳鼠标指针可创建水平参考线；在水平标尺上拖曳鼠标指针可创建垂直参考线。

执行"视图"/"新建参考线"命令，将弹出图 6-44 所示的"新建参考线"对话框。利用"新建参考线"对话框可以精确地添加参考线。

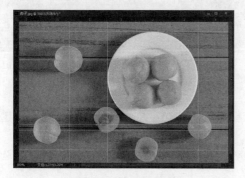

图 6-43　手动添加参考线

图 6-44　"新建参考线"对话框

- "水平"单选按钮：选择此单选按钮，将在水平方向上添加参考线。
- "垂直"单选按钮：选择此单选按钮，将在垂直方向上添加参考线。
- "位置"文本框：在文本框中输入数值，可以设置参考线添加的位置。

（2）移动参考线

选择"移动"工具 ⊹ ，将鼠标指针移动到参考线上，当鼠标指针变成 ↔ 形状或 ↕ 形状时，按住左键并拖曳鼠标指针，可以改变参考线的位置。

在移动参考线时，按住 Alt 键单击或拖曳参考线，可将水平参考线修改为垂直方向，或将垂直参考线修改为水平方向。按住 Shift 键拖曳参考线，可使参考线与标尺上的刻度对齐。若当前图像文件中网格处于显示状态，且执行"视图"/"对齐"/"网格"命令，勾选该命令前的复选框，则可将参考线与网格对齐。

（3）锁定和删除参考线

- 执行"视图"/"锁定参考线"命令，可将图像中的参考线锁定。
- 在移动参考线时，将参考线拖曳到图像窗口之外，可将该参考线删除。
- 执行"视图"/"清除参考线"命令，可将图像中的所有参考线删除。

4. 网格

网格是由显示在图像中一系列相互交叉的直线构成的，在打印时不会被打印输出。执行"视图"/"显示"/"网格"命令或按 Ctrl+"（引号）组合键，可在当前图像中显示或隐藏网格。

网格处于显示时的效果如图 6-45 所示。

5. 参考线、网格和切片设置

执行"编辑"/"首选项"/"参考线、网格和切片"命令，弹出图 6-46 所示的"首选项"对话框中的"参考线、网格和切片"界面。

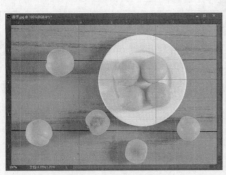

图 6-45   显示的网格效果

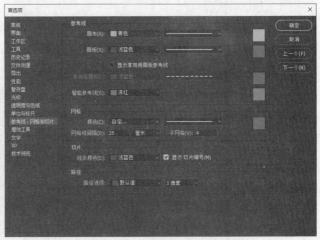

图 6-46   "首选项"对话框中的"参考线、网格和切片"界面

（1）"参考线"选项组

- "画布"下拉列表：用于设置画布参考线的显示颜色，在右侧的下拉列表中可以选择参考线的样式，包括直线和虚线。
- "画板"下拉列表：用于设置画板参考线的显示颜色，在右侧的下拉列表中可以选择参考线的样式，包括直线和虚线。
- "智能参考线"下拉列表：用于设置智能参考线的显示颜色。

（2）"网格"选项组

• "颜色"下拉列表：用于设置网格的显示颜色。

• "样式"下拉列表：用于设置网格的样式，包括直线、虚线和网点。

• "网格线间隔"文本框：可以在文本框中设置网格线与网格线之间的距离，在文本框右侧的下拉列表中设置数值的单位。

• "子网格"下拉列表：用于设置大网格中包含子网格的数量。

（3）"切片"选项组

• "线条颜色"下拉列表：用于设置切片的显示颜色。

• "显示切片编号"复选框：决定在图像文件中创建切片后是否显示切片编号。

习题

（1）打开"图库/项目六/习题1/合影.jpg"文件，灵活运用"裁剪"工具 ，将竖向图像裁剪为横向图像，图像裁剪前后的效果如图6-47所示。

图6-47　将竖向图像裁剪为横向图像后的效果

（2）打开"图库/项目六/习题2/天空.jpg、建筑.jpg"文件。利用"橡皮擦"工具 擦除建筑图片中的天空背景，然后用天空图片与其合成，效果如图6-48所示。

图6-48　图片素材与合成后的效果

07

项目七
图层的应用

图层是 Photoshop CC 2018 中进行图形绘制和图像处理的地方，可以说每一幅图像的处理都离不开图层的应用。灵活运用图层可以提高图像处理的速度和效率，还可以制作出很多意想不到的特殊艺术效果。本项目主要介绍图层的概念及相关工具的使用方法，读者要认真学习本项目，掌握图层的应用方法。

知识技能目标

- 理解图层的概念；
- 熟悉"图层"面板；
- 熟悉常用的图层类型；
- 掌握图层的基本操作；
- 熟悉图层的混合模式；
- 掌握"图层样式"命令的应用。

任务一　制作图像的倒影效果

　　在实际的工作中，图层的应用非常广泛，通过新建图层，可以将当前所要编辑和调整的图像独立出来，然后在各个图层中分别编辑图像的各个部分，从而使图像更加丰富。本任务介绍如何制作图像的倒影效果。

1. 图层的概念

　　图层可以说是 Photoshop CC 2018 工作的基础。那么什么是图层呢？可以通过一个简单的例子来说明。如果要在白纸上绘制一幅海底世界，首先要在纸上绘制海底世界的水面作为背景（这个背景是不透明的），然后在水面的上方添加一张完全透明的纸绘制海底世界的珊瑚，绘制完成后，在珊瑚的上方再添加一张完全透明的纸绘制鱼群，绘制完成后，在鱼群上方再添加一张完全透明的纸绘制海龟……在绘制海底世界的每一部分之前，都要在纸的上方添加一张完全透明的纸，再在添加的透明纸上绘制新的图形。绘制完成后，通过纸的透明区域可以看到下面的图像，从而得到一幅完整的作品。在这个绘制过程中，添加的每一张纸就是一个图层。

　　图层原理说明如图 7-1 所示。

图 7-1　图层原理说明

　　上面讲解了图层的概念，那么在绘制图像时为什么要建立图层呢？仍以上面的例子来说明。如果在一张纸上将海底世界绘制完成后，突然发现珊瑚效果不太合适，这时只能重新绘制这幅作品，就会非常麻烦。如果是分层绘制的，遇到这种情况就不必重新绘制了，只需找到绘制珊瑚图像的透明纸（图层），将其删除，然后重新添加一张透明纸，绘制一幅合适的珊瑚图像，放到删除的珊瑚图像的位置即可。另外，除了易修改的优点外，还可以在一个图层中随意拖动、复制和粘贴图形，以及为图层中的图像制作各种特效，这些操作不会影响其他图层中的图像。

2. "图层"面板

　　"图层"面板主要用于管理图像文件中的所有图层、图层组和图层效果。在"图层"面板中可以方便地调整图层的混合模式和不透明度，还可以快速地创建、复制、删除、隐藏、显示、锁定、对齐或分布图层。

　　新建图像文件后，默认的"图层"面板如图 7-2 所示。

●　"图层面板菜单"按钮■：单击此按钮，将弹出"图层"面板菜单。

图 7-2 "图层"面板

- "图层混合模式"下拉列表 正常 ：用于设置当前图层中的图像与下面图层中的图像以何种模式进行混合。
- "不透明度"下拉列表：用于设置当前图层中图像的不透明程度，数值越小图像越透明，数值越大图像越不透明。
- "锁定透明像素"按钮 ：单击此按钮，可使当前图层中的透明区域保持透明。
- "锁定图像像素"按钮 ：单击此按钮，在当前图层中不能进行图形绘制及其他命令操作。
- "锁定位置"按钮 ：单击此按钮，可以将当前图层中的图像锁定。
- "防止在画板内外自动嵌套"按钮 ：单击此按钮，当使用移动工具将画板内的图层或图层组移出画板边缘时，被移动的图层或图层组不会脱离画板。
- "锁定全部"按钮 ：单击此按钮，在当前图层中不能进行任何编辑与修改操作。
- "填充"下拉列表：用于设置图层中图形填充颜色的不透明度。
- "显示/隐藏图层"图标 ： 表示此图层处于可见状态，单击此图标，图标中的眼睛将被隐藏，表示此图层处于不可见状态。
- 图层缩览图：用于显示本图层的缩略图，它随着该图层中图像的变化而随时更新，以便用户在进行图像处理时参考。
- 图层名称：显示各图层的名称。

在"图层"面板的底部有 7 个按钮，下面分别进行介绍。

- "链接图层"按钮 ：通过链接两个或多个图层，可以一起移动链接图层中的内容，也可以对链接图层执行对齐与分布及合并图层等操作。
- "添加图层样式"按钮 ：用于对当前图层中的图像添加各种样式效果。
- "添加图层蒙版"按钮 ：用于给当前图层添加蒙版，如果先在图像中创建适当的选区，再单击此按钮，可以根据选区范围在当前图层上添加图层蒙版。
- "创建新的填充或调整图层"按钮 ：单击此按钮，可在当前图层上添加一个调整图层，对当前图层下边的图层进行色调、明暗等效果调整。
- "创建新组"按钮 ：单击此按钮，可以在"图层"面板中创建一个图层组，图层组类似于文件夹，用于图层的管理和查询，在移动或复制图层时，图层组里面的内容同时被移动或复制。
- "创建新图层"按钮 ：单击此按钮，可在当前图层上创建新图层。
- "删除图层"按钮 ：单击此按钮，可将当前图层删除。

3. 图层类型

"图层"面板中包含多种图层类型，每种类型的图层都有不同的功能和用途。利用不同的图层类型可以创建不同的效果，它们在"图层"面板中的显示状态也不同。

常用的图层类型说明如图 7-3 所示。

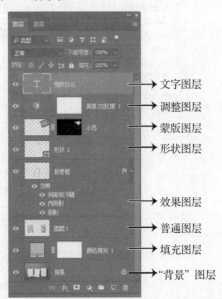

图 7-3　图层类型说明

- "背景"图层。此图层相当于绘画中最下方的不透明的纸。在 Photoshop CC 2018 中，一个图像文件中只有一个"背景"图层，它可以与普通图层进行转换，但无法交换堆叠次序。如果当前图层为"背景"图层，执行"图层"/"新建"/"背景图层"命令或在"图层"面板的"背景"图层上双击，便可以将"背景"图层转换为普通图层。
- 普通图层。此图层相当于一张完全透明的纸，是 Photoshop CC 2018 中最基本的图层类型。单击"图层"面板底部的 ⬜ 按钮或执行"图层"/"新建"/"图层"命令，即可在"图层"面板中新建一个普通图层。
- 文字图层。在文件中创建文字后，"图层"面板中会自动生成文字图层，其缩览图显示为 █ 。当对输入的文字进行变形后，文字图层将显示为变形文字图层，其缩览图显示为 █ 。
- 形状图层。使用工具箱中的矢量图形工具在文件中创建图形后，"图层"面板中会自动生成形状图层。当执行"图层"/"栅格化"/"形状"命令后，形状图层将被转换为普通图层。
- 效果图层。为普通图层应用图层效果（如阴影、投影、发光、斜面和浮雕、描边等）后，右侧会出现一个 █ （效果图层）图标，这一图层就是效果图层。注意，"背景"图层不能转换为效果图层。单击"图层"面板底部的 █ 按钮，在弹出的下拉列表中选择任意一个选项，即可创建效果图层。
- 填充图层和调整图层。填充图层和调整图层是用来控制图像颜色、色调、亮度和饱和度等的辅助图层。单击"图层"面板底部的 █ 按钮，在弹出的菜单中选择任意一个选项，即可创建填充图层或调整图层。
- 蒙版图层。蒙版图层是加在普通图层上的一个遮盖图层，通过创建图层蒙版来隐藏或显示图像中的部分或全部。在图像中，图层蒙版中颜色的变化会使其所在图层的相应位置产生透明效果。其中，该图层中与蒙版的白色部分相对应的图像不产生透明效果，与蒙版的黑色部分相对应的图像变得完全透明，与蒙版的灰色部分相对应的图像根据其灰度产生相应程度的透明效果。

4．图层基本操作

（1）图层的创建

执行"图层"/"新建"命令，弹出图 7-4 所示的子菜单。

图 7-4　"图层"/"新建"命令子菜单

- 执行"图层"命令，弹出图 7-5 所示的"新建图层"对话框。在此对话框中，可以对新建图层的颜色、模式和不透明度进行设置。
- 执行"背景图层"命令，可以将"背景"图层转换为一个普通图层，此时"背景图层"命令会变为"图层背景"命令；执行"图层背景"命令，可以将当前图层更改为"背景"图层，同时，"图层背景"命令变为"背景图层"命令。
- 执行"组"命令，弹出图 7-6 所示的"新建组"对话框。在此对话框中可以创建图层组，相当于图层文件夹。

图 7-5　"新建图层"对话框

图 7-6　"新建组"对话框

- 当"图层"面板中有链接图层时，"从图层建立组"命令才可用，执行此命令，可以新建一个图层组，并将当前链接的图层（除背景图层外的其余图层）放置在新建的图层组中。
- 执行"画板"命令，系统将弹出图 7-7 所示的"新建画板"对话框。在此对话框中可以创建出一个新画板，例如一个设计名片的文件中可以创建两个画板，方便直观地观察和设计正反面，如图 7-8 所示。

图 7-7　"新建画板"对话框

图 7-8　新建画板应用效果

- 当"图层"面板中有组图层时，"来自图层组的画板"命令才可用，执行此命令，可以将当前选择的组下面的所有图层创建到一个画板中，画板范围包括该组下方所有图层的信息。

- 执行"来自图层的画板"命令，可以将当前图层创建在一个画板里面。
- 执行"通过拷贝的图层"命令，可以将当前画面或选区中的图像复制生成一个新的图层，且原画面不会被破坏。
- 执行"通过剪切的图层"命令，可以将当前选区中的图像剪切生成一个新的图层，但原画面会被破坏。

（2）图层的复制

将鼠标指针放置在要复制的图层上，按住鼠标左键向下拖曳至 按钮上释放鼠标左键，即可将所拖曳的图层复制生成一个副本图层。另外，执行"图层"/"复制图层"命令也可以复制当前选择的图层。

图层可以在当前文件中复制，也可以将当前文件中的图层复制到其他打开的文件中或新建的文件中。将鼠标指针放置在要复制的图层上，按住鼠标左键向要复制的文件中拖曳，释放鼠标左键后，所选图层中的图像即被复制到目标文件中。

（3）图层的删除

将鼠标指针放置在要删除的图层上，按住鼠标左键向下拖曳至 按钮上释放鼠标左键，即可将所拖曳的图层删除。另外，将要删除的图层设置为当前图层，在"图层"面板中单击 按钮或执行"图层"/"删除"/"图层"命令，也可以将选择的图层删除。

（4）图层的叠放顺序

图层的叠放顺序对作品的效果有着直接的影响，因此在实例制作过程中，必须准确调整各图层在画面中的叠放位置，调整方法有以下两种。

① 菜单法。执行"图层"/"排列"命令，将弹出图 7-9 所示的子菜单。执行其中的相应命令，可以调整图层的位置。

置为顶层(F)	Shift+Ctrl+]
前移一层(W)	Ctrl+]
后移一层(K)	Ctrl+[
置为底层(B)	Shift+Ctrl+[
反向(R)	

图 7-9 "图层"/"排列"命令子菜单

- "置为顶层"命令：用于将当前图层移动至"图层"面板的最顶层，快捷键为 Ctrl+Shift+]。
- "前移一层"命令：用于将当前图层向前移动一层，快捷键为 Ctrl+]。
- "后移一层"命令：用于将当前图层向后移动一层，快捷键为 Ctrl+[。
- "置为底层"命令：用于将当前图层移动至"图层"面板的最底层，即"背景"图层的上方，快捷键为 Ctrl+Shift+[。
- "反向"命令：当在"图层"面板中选择多个图层时，执行此命令，可以将选择的图层反向排列。

② 手动法。在"图层"面板中要调整叠放顺序的图层上按住鼠标左键向上或向下拖曳，此时"图层"面板中会有一个线框跟随鼠标指针移动，当线框调整至要移动的位置后释放鼠标左键，当前图层即会调整至释放鼠标左键的位置。

（5）图层的链接与合并

在复杂实例制作过程中，一般将已经确定不需要再调整的图层合并，这样有利于后续的操作。图层的合并命令主要包括"向下合并""合并可见图层""拼合图像"。

- 执行"图层"/"向下合并"命令，可以将当前图层与其下面的图层合并。在"图层"面板中，如果有与当前图层链接的图层，此命令将显示为"合并链接图层"，执行此命令可以将所有链接的图层合并到当前图层中。如果当前图层是序列图层，执行此命令可以将当前序列中的所有图层合并。

● 执行"图层"/"合并可见图层"命令，可以将"图层"面板中所有的可见图层合并，并生成"背景"图层。

● 执行"图层"/"拼合图像"命令，可以将"图层"面板中的所有图层拼合，拼合后的图层成为"背景"图层。

（6）图层的对齐与分布

执行图层的对齐和分布命令，可以以当前图层中的图像为依据，对"图层"面板中所有与当前图层同时选择或链接的图层进行对齐与分布操作。

● 图层的对齐。当"图层"面板中至少有两个同时被选择或链接的图层，且"背景"图层不处于链接状态时，图层的对齐命令才可用。执行"图层"/"对齐"命令，弹出"对齐"子菜单，执行其中的相应命令，即可将选择的图层进行顶对齐、垂直居中对齐、底对齐、左对齐、水平居中对齐或右对齐。

● 图层的分布。在"图层"面板中至少有 3 个同时被选择或链接的图层，且"背景"图层不处于链接状态时，图层的分布命令才可用。执行"图层"/"分布"命令，弹出"分布"子菜单，执行其中的相应命令，即可将选择的图层在垂直方向上按顶端、垂直中心或底部平均分布，或者在水平方向上按左边、水平居中和右边平均分布。

下面灵活运用图层，为一幅图像制作倒影效果，如图 7-10 所示，具体操作如下。

（1）打开"图库/项目七/雀跃.jpg"文件，如图 7-11 所示。

图 7-10　制作的倒影效果　　　　　　　　　图 7-11　打开的文件

（2）执行"图像"/"画布大小"命令，在弹出的"画布大小"对话框中设置参数，如图 7-12 所示。

（3）单击 确定 按钮，调整后的画布形状如图 7-13 所示。

图 7-12　"画布大小"对话框设置　　　　　　图 7-13　调整后的画布形状

（4）选择"矩形选框"工具 ，框选出图 7-14 所示的矩形选区。

（5）执行"图层"/"新建"/"通过拷贝的图层"命令，将选区内的图像复制生成新的图层"图层 1"，此时的"图层"面板如图 7-15 所示。

图 7-14　绘制的选区　　　　　　　　图 7-15　"图层"面板

（6）将"图层 1"拖曳至"图层"面板下方的 按钮处，如图 7-16 所示，复制出"图层 1 拷贝"备用，如图 7-17 所示。

（7）按住 Ctrl 键单击"图层 1"，同时选择"图层 1"和"图层 1 拷贝"，如图 7-18 所示。

图 7-16　拖动"图层 1"　　　图 7-17　复制出的"图层 1 拷贝"　　　图 7-18　同时选择两个图层

（8）执行"编辑"/"变换"/"垂直翻转"命令，将"图层 1"和"图层 1 拷贝"中的图片垂直翻转。选择"移动"工具 将其垂直向下移动至图 7-19 所示的位置。

（9）按 Ctrl+T 组合键，为"图层 1"和"图层 1 拷贝"中的图像添加自由变换框，将其在垂直方向上缩放，使其与"背景"图层白色区域边缘对齐并向上和向下略有放大，效果如图 7-20 所示。按 Enter 键确认图像的缩放调整。

图 7-19　复制图像调整后的位置　　　　　图 7-20　缩放后的图像效果

（10）选择"图层 1 拷贝"，执行"滤镜"/"模糊"/"动感模糊"命令，在弹出的"动感模糊"对话框中设置参数，如图 7-21 所示，单击 确定 按钮。

（11）在"图层 1 拷贝"上单击鼠标右键，执行"向下合并"命令，将两个倒影层合并为"图层

1"。之前为何要多复制一个倒影图层呢？因为设置动感模糊后，图像中的像素会发生位移，就会产生透明区域，这样与上方图像的衔接位就不连贯了。注意：上述提到动感模糊的参数设置过大的话会影响上下两图之间的拼合效果，使过渡不自然。

（12）执行"滤镜"/"模糊"/"高斯模糊"命令，在弹出的"高斯模糊"对话框中设置参数，如图 7-22 所示，单击 确定 按钮。

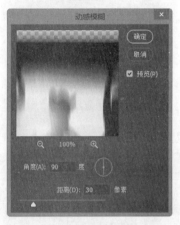

图 7-21 "动感模糊"对话框设置　　　　　图 7-22 "高斯模糊"对话框设置

（13）执行"滤镜"/"扭曲"/"波纹"命令，在弹出的"波纹"对话框中设置参数，如图 7-23 所示。

（14）单击 确定 按钮，执行"波纹"命令后的图像效果如图 7-24 所示。

（15）至此，倒影效果制作完成，按 Shift+Ctrl+S 组合键，将文件另存为"倒影效果.psd"。

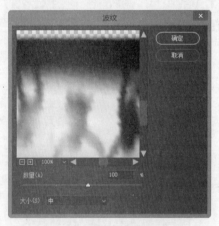

图 7-23 "波纹"对话框设置　　　　　图 7-24 执行"波纹"命令后的图像效果

任务二　图层混合模式的应用

"图层"面板中的图层混合模式及其他相关面板中的"模式"选项，在图像处理及效果制作中被广泛应用，特别是在多个图像合成方面更有其独特的作用，掌握好图层混合模式的使用方法，对图像合成操作有极大的帮助。本任务介绍图层混合模式的应用。

图层混合模式中的各种样式设置，决定了当前图层中的图像与其下图层中的图像以何种模式进行混合。

下面灵活运用图层混合模式来为花球根部添加炫酷效果，原图及添加图层混合模式后的效果如图 7-25 所示。具体操作如下。

（1）打开"图库/项目七/花球.jpg"文件。

（2）选择"钢笔"工具 和"转换点"工具 ，沿花球根部边缘创建路径。打开"路径"面板，单击"路径"面板底部的 按钮，将路径转换为选区，在花球根部绘制的选区如图 7-26 所示。

图 7-25　原图及添加图层混合模式后的效果

（3）新建"图层 1"，为选区填充黑色，执行"滤镜"/"杂色"/"添加杂色"命令，在弹出的"添加杂色"对话框中设置参数，如图 7-27 所示。

（4）单击 确定 按钮，添加杂色后的效果如图 7-28 所示。按 Ctrl+D 组合键，将选区取消选择。

（5）将"图层 1"的"图层混合模式"设置为颜色减淡，更改混合模式后的效果如图 7-29 所示。

图 7-26　在花球根部绘制的选区 　　图 7-27　"添加杂色"对话框设置 　　图 7-28　添加杂色后的效果 　　图 7-29　更改混合模式后的效果

（6）将"背景"图层设置为当前图层，选择"钢笔"工具 和"转换点"工具 ，沿花球边缘创建路径。打开"路径"面板，单击"路径"面板底部的 按钮，将路径转换为选区，绘制的选区如图 7-30 所示。

（7）执行"图层"/"新建"/"通过拷贝的图层"命令，将选区内的图像复制生成 "图层 2"。

（8）将"图层 2"的"图层混合模式"设置为柔光，更改混合模式后的效果如图 7-31 所示。

图 7-30　绘制的选区 　　　　　图 7-31　更改混合模式后的效果

（9）按 Shift+Ctrl+S 组合键，将文件另存为"水晶花球.psd"。

任务三　制作照片拼图效果

利用"图层样式"命令可以对图层中的图像快速应用效果，灵活运用"图层样式"命令可以制作出许多意想不到的效果。本任务介绍如何用图层样式制作照片拼图效果。

图层样式主要包括投影、阴影、发光、斜面、浮雕及描边等。执行"图层"/"图层样式"/"混合选项"命令，将弹出"图层样式"对话框，如图 7-32 所示，在此对话框中可自行为图形、图像或文字添加需要的样式。

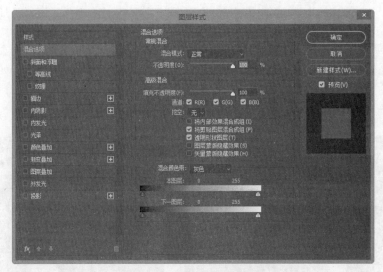

图 7-32　"图层样式"对话框

"图层样式"对话框的左侧是"样式"列表，用于选择要添加的样式类型；右侧是参数设置区，用于设置各种样式的参数及选项。

1. "斜面和浮雕"样式

通过"斜面和浮雕"样式的设置可以使当前图层中的图像或文字产生各种样式的斜面和浮雕效果，在右侧的参数设置区中可以设置结构、阴影等。同时勾选"等高线"或"纹理"复选框，在"图案选项"面板中选择应用于浮雕效果的图案，可以使图形产生各种纹理效果。利用此样式添加的各种斜面和浮雕效果如图 7-33 所示。

2. "描边"样式

通过"描边"样式的设置可以为当前图层中的内容添加描边效果。描绘的边缘可以是一种颜色、一种渐变色或者图案。为图形描绘紫色的边缘的效果如图 7-34 所示。

图 7-33　斜面和浮雕效果

图 7-34　描边效果

3. "内阴影"样式

通过"内阴影"样式的设置可以为当前图层中的图像边缘添加向内的阴影,从而使图像产生凹陷效果。利用此样式添加的内阴影效果如图 7-35 所示。

4. "内发光"样式

此样式的功能与"外发光"样式相似,只是此样式可以在图像边缘的内部产生发光效果。选择此样式后,可在右侧参数设置区中设置混合模式、不透明度、杂色、颜色、源、大小、等高线等。利用此样式添加的内发光效果如图 7-36 所示。

图 7-35　内阴影效果

图 7-36　内发光效果

5. "光泽"样式

通过"光泽"样式的设置可以根据当前图层中图像的形状应用各种光影效果,从而使图像产生平滑过渡的光泽效果。选择此样式后,可以在右侧的参数设置区中设置光泽的颜色、混合模式、不透明度、光线角度、距离和大小等。利用此样式添加的光泽效果如图 7-37 所示。

6. "颜色叠加"样式

通过"颜色叠加"样式可以在当前图层上方覆盖一种颜色,并通过设置不同的混合模式和不透明度使图像产生类似于纯色填充图层的特殊效果。为黄色图形叠加绿色的效果如图 7-38 所示。

图 7-37　光泽效果

图 7-38　颜色叠加效果

7. "渐变叠加"样式

通过"渐变叠加"样式可以在当前图层的上方覆盖一种渐变叠加颜色,使图像产生渐变填充图层的效果。选择此样式后,可在右侧参数设置区中设置混合模式、不透明度、渐变、样式、角度、缩放等。为白色图形叠加渐变色的效果如图 7-39 所示。

8. "图案叠加"样式

通过"图案叠加"样式可以在当前图层的上方覆盖不同的图案效果,从而使当前图层中的图像产生图案填充图层的特殊效果。为白色图形叠加图案后的效果如图 7-40 所示。

图 7-39　渐变叠加效果

图 7-40　图案叠加效果

9. "外发光"样式

通过"外发光"样式可以在当前图层中图像的外边缘添加发光效果。选择此样式后，在右侧的参数设置区中可以设置外发光的混合模式、不透明度、添加的杂色数量、发光颜色（或渐变色）、扩展程度、大小和品质等。利用此样式添加的外发光效果如图 7-41 所示。

10. "投影"样式

通过"投影"样式可以为当前图层中的图像添加投影效果。选择此样式后，可以在右侧的参数设置区中设置投影的颜色、与下层图像的混合模式、不透明度、是否使用全局光、光线的投射角度、投影与图像的距离、投影的扩散程度和投影大小等，还可以设置投影的等高线样式和杂色数量。利用此样式添加的投影效果如图 7-42 所示。

图 7-41　外发光效果　　　　　　　　图 7-42　投影效果

下面灵活运用图层的基本操作来制作图 7-43 所示的照片拼图效果，具体操作如下。

（1）打开"图库/项目七/樱花.jpg"文件，如图 7-44 所示。

图 7-43　制作的拼图效果　　　　　　　图 7-44　打开的图片

（2）执行"图层"/"新建"/"背景图层"命令，在弹出的图 7-45 所示的"新建图层"对话框中单击 确定 按钮，将"背景"图层转换为"图层 0"。

图 7-45　"新建图层"对话框

（3）执行"图像"/"画布大小"命令，在弹出的"画布大小"对话框中设置参数，如图 7-46 所示，单击 确定 按钮，调整后的画布效果如图 7-47 所示。

（4）新建"图层 1"，将鼠标指针放置到"图层 1"上，按在鼠标左键并向下拖曳至图 7-48 所示的位置时释放鼠标左键，将"图层 1"调整至"图层 0"的下方位置。

（5）将前景色设置为浅洋红色（R:234,G:104,B:162），按 Alt+Delete 组合键，将其填充至"图层 1"中，效果如图 7-49 所示。

图 7-46 "画布大小"对话框设置

图 7-47 调整后的画布效果

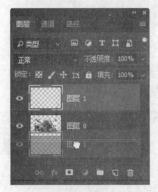

图 7-48 调整图层顺序

图 7-49 填充颜色后的效果

（6）单击"图层 0"，将其设置为当前图层，执行"图层"/"图层样式"/"混合选项"命令，在弹出的"图层样式"对话框中分别设置"描边"和"投影"的参数如图 7-50 所示。

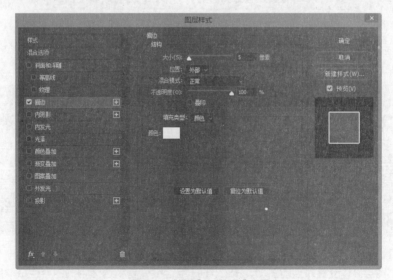

图 7-50 "描边"和"投影"设置

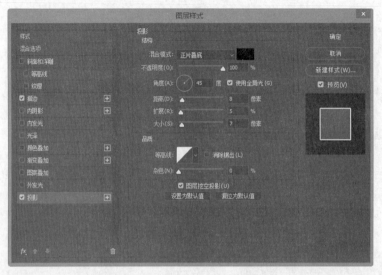

图 7-50 "描边"和"投影"设置（续）

（7）单击 确定 按钮，添加图层样式后的效果如图 7-51 所示。

（8）选择"矩形选框"工具，绘制出图 7-52 所示的矩形选区。

图 7-51 添加图层样式后的效果

图 7-52 绘制矩形选区

（9）按 Ctrl+J 组合键，复制选区中的内容生成"图层 2"，复制出的图像如图 7-53 所示。

（10）选择"矩形选框"工具，绘制出图 7-54 所示的矩形选区。

图 7-53 复制图像

图 7-54 绘制矩形选区

（11）将"图层 0"设置为当前图层，按 Ctrl+J 组合键，复制选区中的内容生成"图层 3"，复制出的图像如图 7-55 所示。

（12）用与步骤（10）、步骤（11）相同的方法，依次复制出图 7-56 所示的全部图像。

图 7-55　复制图像

图 7-56　复制出全部图像

（13）将"图层 0"隐藏，并将"图层 2"设置为当前图层。

（14）按 Ctrl+T 组合键，为"图层 2"中的内容添加自由变换框，并将其调整至图 7-57 所示的效果，按 Enter 键，确认图像的变换操作。

（15）用与步骤（14）相同的方法，依次将各图层中的图像调整至图 7-58 所示的效果。

图 7-57　调整图层效果

图 7-58　调整全部图层后的效果

（16）按 Shift+Ctrl+S 组合键，将文件另存为"樱花拼图效果.psd"。

项目实训　制作手提袋的立体效果

本实训将灵活运用图层及前面学过的命令，在手提袋平面图的基础上制作出图 7-59 所示的立体效果，具体操作如下。

图 7-59　制作的手提袋立体效果

微课

制作手提袋的
立体效果

（1）新建"宽度"为 14 厘米，"高度"为 11 厘米，"分辨率"为 300 像素/英寸，"背景内容"为白色的新文件。

（2）选择"渐变"工具 ，单击属性栏中的 按钮，为"背景"图层填充由浅灰色（R:222，G:222，B:222）到深灰色（R:79,G:78,B:78）的径向渐变色，效果如图 7-60 所示。

（3）打开"图库/项目七/手提袋平面图.psd"文件，按 Shift+Ctrl+Alt+E 组合键，将所有图层复制合并为一个新图层。

（4）将合并后的图层移动复制到新建的文件中生成"图层 1"，执行"编辑"/"自由变换"命令，将其调整至图 7-61 所示的透视形态。

图 7-60 填充径向渐变色   图 7-61 调整后的透视形态

（5）执行"图层"/"图层样式"/"渐变叠加"命令，在弹出的"图层样式"对话框中进行设置，如图 7-62 所示。

（6）单击 确定 按钮，为图形添加渐变叠加样式，使其显示出不同的明暗关系，如图 7-63 所示。

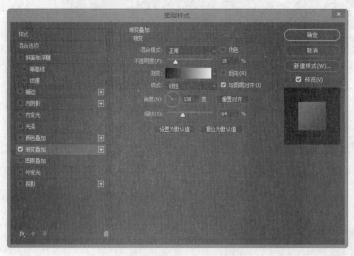 

图 7-62 "图层样式"对话框设置   图 7-63 添加渐变叠加后的效果

（7）新建"图层 2"，选择"多边形索套"工具，绘制出图 7-64 所示的绿色（R:61,G:138,B:104）图形。

（8）选择"多边形索套"工具，绘制出图 7-65 所示的选区。按住 Shift+Ctrl+Alt 组合键，单击"图层"面板中"图层 2"的图层缩览图，生成的选区如图 7-66 所示。

（9）单击"图层"面板下方的 按钮，在弹出的命令中执行"亮度/对比度"命令，添加一个调整图层，如图 7-67 所示。在弹出的"属性"面板中进行设置，如图 7-68 所示。选区自动转换为调整图层的图层蒙版，图像调暗后的效果如图 7-69 所示。

（10）用与步骤（8）、步骤（9）相同的方法，选择下方的三角形区域并将其调暗，效果如图 7-70 所示，将"亮度"设置为-50。

图 7-64 绘制绿色图形

图 7-65 绘制选区

图 7-66 生成选区

图 7-67 增加调整图层

图 7-68 "属性"面板设置

图 7-69 调暗后的效果 图 7-70 调整出的
侧面图形

（11）选择"钢笔"工具 和"直接选择"工具 绘制出图 7-71 所示的路径。

（12）选择"画笔"工具 ，单击属性栏中的 按钮，在弹出的"画笔设置"面板中设置笔头，如图 7-72 所示。

图 7-71 绘制的路径

图 7-72 "画笔"设置面板

（13）新建"图层 3"，将前景色设置为白色，单击"路径"面板下方的 ⬭ 按钮，描绘路径，效果如图 7-73 所示。

（14）在"路径"面板空白处单击，取消选择工作路径。按 Ctrl+T 组合键，为线形添加自由变换框，并将其调整至图 7-74 所示的效果。

图 7-73　描绘路径后的效果

图 7-74　调整后的效果

（15）按 Enter 键，确认线形的调整，为其添加"斜面和浮雕"样式，选项及参数设置如图 7-75 所示，效果如图 7-76 所示。

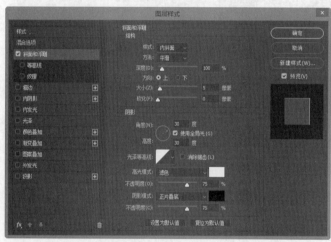

图 7-75　"斜面和浮雕"设置

图 7-76　添加样式后的效果

（16）新建"图层 4"，并将其调整至"图层 3"的下方。选择"椭圆选框" ⬭ 工具，依次绘制出图 7-77 所示的黑色圆形，作为手提袋的穿绳孔。

（17）将"图层 3"复制为"图层 3 副本"，将其调整至"图层 1"的下方，并执行"编辑"/"自由变换"命令，将其调整至图 7-78 所示的效果。

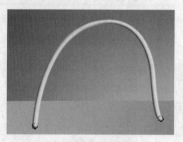

图 7-77　绘制黑色圆形

图 7-78　调整手提袋效果

接下来制作另一种形式的手提袋。

（18）打开"手提袋平面图.psd"文件，将除"背景""图层 1""图层 1 拷贝"外的图层隐藏。

（19）将"图层 1 拷贝"设置为当前图层，按 Shift+Ctrl+Alt+E 组合键，将显示的 3 个图层复制合并为一个新图层"图层 5"。

（20）将图 7-79 所示的图层隐藏。

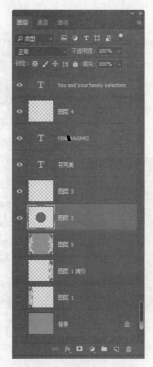

图 7-79　隐藏的图层

（21）将"图层 2"设置为当前图层，按 Shift+Ctrl+Alt+E 组合键，将显示的图层复制并合并为一个新图层"图层 6"。

（22）将"图层 6"设置为当前图层，执行"编辑"/"变换"/"逆时针旋转 90 度"命令，将图像沿逆时针方向旋转 90°。

（23）按 Enter 键确认，此时只可见"图层 5"和"图层 6"。将"图层 6"设置为当前图层，按 Shift+Ctrl+Alt+E 组合键，将显示的图层复制合并为一个新图层"图层 7"。

（24）将合并后的"图层 7"移动复制到新建文件中生成"图层 5"，执行"编辑"/"自由变换"命令，对其进行透视变形，并执行"图层"/"图层样式"/"渐变叠加"命令，为其叠加图 7-80 所示的渐变色，效果如图 7-81 所示。

图 7-80　叠加渐变色

图 7-81　调整后的效果

（25）用与步骤（7）～步骤（10）相同的方法，为手提袋制作出图 7-82 所示的侧面图形。

（26）在"图层"面板中，将"图层 3""图层 4""图层 3 拷贝"同时选择并复制，将生成的"图层 3 拷贝 2"和"图层 4 拷贝"调整至"图层 6"的上方，将生成的"图层 3 副本 3"调整至"图层 5"的下方，如图 7-83 所示。

图 7-82　制作侧面图形

图 7-83　调整图层堆叠顺序

（27）分别选择复制出的图层，执行"编辑"/"自由变换"命令，调整出图 7-84 所示的效果。至此，手提袋的立体效果制作完成，下面制作阴影和倒影效果。

（28）新建"图层 7"，并将其调整至"图层 1"的下方，选择"多边形索套"工具 ，绘制选区并为其填充黑色，效果如图 7-85 所示。

图 7-84　调整后的效果

图 7-85　绘制选区并填充黑色

（29）按 Ctrl+D 组合键，取消选择选区，执行"滤镜"/"模糊"/"高斯模糊"命令，在弹出的"高斯模糊"对话框中将"半径"设置为 10 像素。

（30）单击 确定 按钮，将黑色图形模糊处理，在"图层"面板中，将"不透明度"设置为 70%，生成的投影效果如图 7-86 所示。

（31）新建"图层 8"，用与步骤（28）～步骤（30）相同的方法，为另一个手提袋图形制作投影效果，如图 7-87 所示。

图 7-86　制作左侧手提袋的投影效果　　　图 7-87　制作另一个手提袋的投影效果

（32）将"图层 1"复制为"图层 1 拷贝"，执行"编辑"/"变换"/"垂直翻转"命令，将复制出的图形在垂直方向上翻转，再执行"编辑"/"自由变换"命令，将其调整至图 7-88 所示的效果，将复制出图形的上边界与原图的下边界对齐。

（33）将"图层 1 拷贝"的"不透明度"设置为 20%，为其添加图层蒙版，选择"渐变"工具 ，编辑蒙版，制作出图 7-89 所示的倒影效果。

图 7-88　调整后的效果　　　　　　　　　图 7-89　制作倒影效果

（34）在"图层"面板中选择图 7-90 所示的图层，按 Ctrl+Alt+E 组合键，将选择的图层复制并合并。

（35）用与步骤（32）、步骤（33）相同的制作倒影的方法，制作出侧面图形的倒影效果，如图 7-91 所示。

图 7-90　选择图层　　　　　　　　　图 7-91　制作侧面的倒影效果

（36）用与以上制作倒影效果相同的方法，为另一个手提袋制作倒影效果，完成手提袋的制作。

（37）按 Ctrl+S 组合键，将此文件命名为"手提袋立体效果.psd"并保存。

项目拓展　制作图像合成效果

本拓展任务将利用"图层样式"对话框中的"混合选项"制作出图 7-92 所示的图片合成效果，具体操作如下。

（1）打开"图库/项目七/云彩.jpg、竹子.jpg"文件，如图 7-93 所示。

图 7-92　制作的图片合成效果　　　　　　　　　图 7-93　打开的图片

（2）选择"移动"工具，将云彩图像移动复制到"竹子.jpg"文件中生成"图层 1"。

（3）将"图层 1"复制为"图层 1 拷贝"，执行"编辑"/"自由变换"命令，分别将这两个图层沿桌面边缘调整至图 7-94 所示效果。

（4）按 Ctrl+E 组合键，将选择的"图层 1"和"图层 1 拷贝"合并为"图层 1 拷贝"。

（5）双击"背景"图层，将其转换成普通图层"图层 0"，并将其移动至"图层 1 拷贝"上方，如图 7-95 所示。

图 7-94　调整图层效果　　　　　　　　　图 7-95　调整图层堆叠顺序

（6）将"图层 0"设置为当前图层，单击"图层"面板底部的 fx 按钮，在弹出的下拉列表中选择"混合选项"选项，弹出"图层样式"对话框。

（7）在"混合颜色带"下拉列表中选择"蓝"选项，如图 7-96 所示。

（8）按住 Alt 键，将鼠标指针放置在图 7-97 所示的三角形滑块上，按住鼠标左键，将三角形滑块向左拖曳。

图 7-96　设置混合颜色带

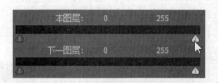

图 7-97　调整三角形滑块的位置

（9）用相同的方法，按住 Alt 键，对其他三角形滑块的位置也进行调整，如图 7-98 所示，在调整时要注意画面的变化。

（10）单击 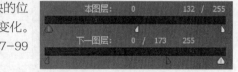 确定 按钮，图像混合后的效果如图 7-99 所示。

对图像进行混合处理后，桌面图像还清晰可见，下面利

图 7-98　调整后三角形滑块的位置

用"画笔"工具和蒙版进行融合处理。

（11）单击"图层"面板底部的 按钮，为图层添加蒙版，设置工具箱中的前景色为黑色。

（12）选择"画笔"工具，设置合适大小的笔头，将"不透明度"设置为 20%，在桌面位置喷绘黑色，编辑蒙版，编辑后的效果如图 7-100 所示。

图 7-99　图像混合后的效果

图 7-100　编辑蒙版的效果

（13）按 Shift+Ctrl+ S 组合键，将此文件另存为"云上的竹子.psd"。

习题

（1）用本项目介绍的图层基本知识制作"环环相扣"的效果，用到的图片素材及最终效果如图 7-101 所示。

图 7-101　图片素材及最终效果

（2）灵活运用"图层"面板中的图层混合模式，制作出图 7-102 所示的 T 恤效果。

（3）灵活运用"图层样式"命令制作图 7-103 所示的水晶边框文字效果。

图 7-102　合成的图案效果

图 7-103　制作的水晶边框文字效果

（4）打开"图库/项目七/习题 4/蔷薇.jpg"文件，如图 7-104 所示，输入"FLOWER"，如图 7-105 所示。利用项目拓展中介绍的方法，制作出图 7-106 所示的图像合成效果。

图 7-104　打开素材图片

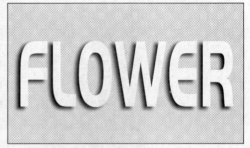

图 7-105　输入单词

图 7-106　制作完成的图像合成效果

08

项目八
蒙版和通道的应用

在 Photoshop CC 2018 中，蒙版和通道是较难掌握的内容，而它们在实际工作中的应用又相当重要，特别是在建立和保存特殊选区及制作特殊效果方面，更体现其独特的灵活性。本项目主要介绍蒙版和通道的有关内容，并以相应的实例加以说明，以便读者对它们有一个较全面的认识。

知识技能目标

- 掌握蒙版的概念；
- 掌握新建蒙版和编辑蒙版的方法；
- 掌握利用蒙版合成图像的方法；
- 掌握通道的概念及类型；
- 掌握"通道"面板的使用方法；
- 掌握利用通道选择图像的方法；
- 掌握通道拆分与合并的方法。

任务一　利用蒙版制作双胞胎效果

　　蒙版通过将不同的灰度值转化为不同的不透明度，并作用到它所在的图层中，使图层不同部位的不透明度产生相应的变化，黑色为完全透明，白色为完全不透明。蒙版还具有保护和隐藏图像的功能，当对图像的某一部分进行特殊处理时，利用蒙版可以隔离并保护其他的图像不被修改和破坏。蒙版原理如图 8-1 所示。本任务将使用蒙版制作双胞胎效果。

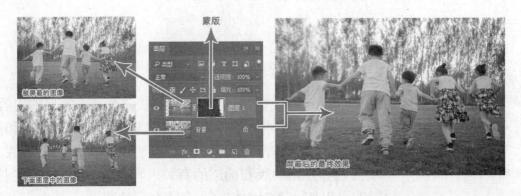

图 8-1　蒙版原理

　　根据创建方式的不同，蒙版可分为两种类型：图层蒙版和矢量蒙版。图层蒙版是位图图像，与分辨率相关，它是由绘图或选框工具创建的；矢量蒙版与分辨率无关，是由钢笔工具或形状工具创建的。

　　在"图层"面板中，图层蒙版和矢量蒙版都显示图层缩览图和附加缩览图。对于图层蒙版，缩览图代表添加图层蒙版时创建的灰度通道；对于矢量蒙版，缩览图代表从图层内容中剪下来的路径。图层蒙版说明如图 8-2 所示。

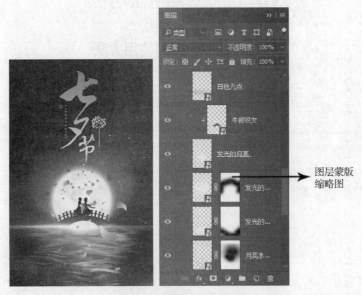

图 8-2　图层蒙版和矢量蒙版说明

1. 创建图层蒙版

在"图层"面板中选择要添加图层蒙版的图层或图层组，执行下列任意操作即可创建图层蒙版。

* 在"图层"面板底部单击 ◙ 按钮或执行"图层"/"图层蒙版"/"显示全部"命令，即可创建出显示整个图层的蒙版。若当前图像中有选区，可以创建出显示选区内图像的蒙版。

* 按住 Alt 键单击"图层"面板底部的 ◙ 按钮或执行"图层"/"图层蒙版"/"隐藏全部"命令，即可创建出隐藏整个图层的蒙版。若当前图像文件中有选区，可以创建出隐藏选区内图像的蒙版。

在"图层"面板中单击蒙版缩览图，使之成为当前图层，在工具箱中选择"画笔"工具 ✐，执行下列操作之一即可编辑图层蒙版。

* 在蒙版图像中绘制黑色，可增加蒙版被屏蔽的区域，并显示其下图像中更多的区域。
* 在蒙版图像中绘制白色，可减少蒙版被屏蔽的区域，并显示其下图像中较少的区域。
* 在蒙版图像中绘制灰色，可创建带有半透明效果的屏蔽区域。

2. 创建矢量蒙版

使用矢量蒙版可在图层上创建锐边形状的图像，若需要添加边缘清晰分明的图像，可以使用矢量蒙版。在"图层"面板中选择要添加矢量蒙版的图层或图层组，执行下列任意操作即可创建矢量蒙版。

* 执行"图层"/"矢量蒙版"/"显示全部"命令，可创建显示整个图层中图像的矢量蒙版。
* 执行"图层"/"矢量蒙版"/"隐藏全部"命令，可创建隐藏整个图层中图像的矢量蒙版。
* 当图像中有路径存在且处于显示状态时，执行"图层"/"矢量蒙版"/"当前路径"命令，可创建显示形状内容的矢量蒙版。

在"图层"或"路径"面板中单击矢量蒙版缩览图，将其设置为当前图层，选择"钢笔"工具 ✐ 或路径编辑工具更改路径的形状，即可编辑矢量蒙版。

在"图层"面板中选择要编辑的矢量蒙版图层，执行"图层"/"栅格化"/"矢量蒙版"命令，可将矢量蒙版转换为图层蒙版。

3. 停用或启用蒙版

添加蒙版后，执行"图层"/"图层蒙版"/"停用"或"图层"/"矢量蒙版"/"停用"命令，可将蒙版停用。停用后"图层"面板中蒙版缩览图上会出现一个红色的交叉符号，且图像文件中会显示不带蒙版效果的图层内容。

完成图层蒙版的创建后，既可以应用蒙版使其更改永久化，也可以删除蒙版而不应用更改，操作如下。

* 执行"图层"/"图层蒙版"/"应用"命令或单击"图层"面板下方的 🗑 按钮，在弹出的询问对话框中单击 应用 按钮，即可在当前图层中应用图层蒙版。

* 执行"图层"/"图层蒙版"/"删除"命令或单击"图层"面板下方的 🗑 按钮，在弹出的询问对话框中单击 删除 按钮，即可在当前图层中删除图层蒙版。

4. 删除矢量蒙版

可执行以下任意操作删除矢量蒙版。

* 将矢量蒙版缩览图拖曳到"图层"面板下方的 🗑 按钮上。
* 选择矢量蒙版，执行"图层"/"矢量蒙版"/"删除"命令。
* 在"图层"面板中，当矢量蒙版图层为当前图层时，按 Delete 键，可直接将该图层删除。

5. 取消图层与蒙版的链接

默认情况下，图层和蒙版处于链接状态，当使用"移动"工具 ✛ 移动图层或蒙版时，该图层及其蒙版会在图像文件中一起移动，取消它们的链接后可以单独移动。

- 执行"图层"/"图层蒙版"/"取消链接"或"图层"/"矢量蒙版"/"取消链接"命令，即可将图层与蒙版之间的链接取消。
- 在"图层"面板中单击图层缩览图与蒙版缩览图之间的图标 ，链接图标消失，表示图层与蒙版之间已取消链接；当在此处再次单击，链接图标出现，表示图层与蒙版之间又重建建立链接。

6. 选择图层上的不透明区域

通过载入图层，可以快速选择图层中的所有不透明区域；通过载入蒙版，可以将蒙版的边界作为选区载入。按住 Ctrl 键单击"图层"面板中的图层或蒙版缩览图，即可在图像文件中载入以所有不透明区域形成的选区或以蒙版为边界的选区。如果当前图像文件中有选区，按住 Ctrl+Shift 组合键单击"图层"面板中的图层或蒙版缩览图，可向现有的选区中添加要载入的选区，以生成新的选区。按住 Ctrl+Alt 组合键单击"图层"面板中的图层或蒙版缩览图，可在现有的选区中减去要载入的选区，以生成新的选区。按住 Ctrl+Alt+Shift 组合键单击"图层"面板中的图层或蒙版缩览图，可将现有的选区与要载入的选区相交，生成新的选区。

7. 剪贴蒙版

剪贴蒙版由基底图层和内容图层组成，将两个或两个以上的图层创建剪贴蒙版后，可用剪贴蒙版中最下方的图层（基底图层）形状来覆盖上面的图层（内容图层）内容。例如，一个图像的剪贴蒙版中下方图层为某个形状，上面的图层为图像或者文字，则上面图层的图像或文字只能通过下面图层的形状来显示，如图 8-3 所示。

图 8-3　剪贴蒙版

（1）创建剪贴蒙版

- 在"图层"面板中选择最下方图层上面的一个图层，执行"图层"/"创建剪贴蒙版"命令，即可为该图层与其下方的图层创建剪贴蒙版（注意，"背景"图层无法创建剪贴蒙版）。
- 按住 Alt 键将鼠标指针放置在"图层"面板中要创建剪贴蒙版的两个图层中间的线上，当鼠标指针变成 形状时，单击即可创建剪贴蒙版。

（2）释放剪贴蒙版

- 在"图层"面板中，选择剪贴蒙版中的任意图层，执行"图层"/"释放剪贴蒙版"命令，即可释放剪贴蒙版，还原图层为相互独立的状态。
- 按住 Alt 键将鼠标指针放置在分隔两组图层的线上，当鼠标指针变成 形状时，单击即可释放剪贴蒙版。

下面灵活运用图层的蒙版功能来制作双胞胎效果，原图及合成后的效果如图 8-4 所示，具体操作如下。

图 8-4　原图及合成后的效果

（1）打开"图库/项目八/人物 01.jpg、人物 02.jpg"
文件。

（2）在"人物 01.jpg"文件中，选择"矩形选框"工具 ▦，
拖曳鼠标指针选择最右侧的人物，如图 8-5 所示。选择"移
动"工具 ✥，按住 Shift 键，将选择的人物移动复制到"人
物 02.jpg"文件中生成"图层 1"，并将"图层 1"的"不透
明度"设置为 70%。

（3）将"图层 1"中的内容向右移动，移动后图片的效
果如图 8-6 所示，将"图层 1"的"不透明度"设置为 100%。

图 8-5　选择"人物 01.jpg"最右侧的人物

此处先将"图层 1"的"不透明度"设置为 70%，目的是通过上方的图像能看清下方
的图像，在向右移动"图层 1"中的图像时，能确定其位置；再将"不透明度"设置为 100%，
目的是要进行颜色调整，以使两个图像的颜色统一。

（4）按 Ctrl+U 组合键，在弹出的"色相/饱和度"对话框中调整数值，如图 8-7 所示。

图 8-6　移动图片后的效果

图 8-7　"色相/饱和度"对话框设置

（5）单击 确定 按钮，调整后的图像效果如图 8-8 所示。

（6）单击"图层"面板下方的 ▣ 按钮，为"图层 1"添加图层蒙版，将前景色设置为黑色。

（7）选择"画笔"工具 ✎，设置合适的笔头大小后，在画面中两图像的交界位置拖曳鼠标指针，
描绘黑色以编辑图层蒙版。此时，鼠标指针经过的区域即会被隐藏，最终效果如图 8-9 所示。

图 8-8　调整后的图像效果

图 8-9　编辑蒙版后的效果

（8）按 Shift+Ctrl+S 组合键，将文件另存为"双胞胎效果.psd"。

任务二　合成蓝天白云效果

本任务通过为图像添加阳光效果来进一步讲解图层蒙版的应用，原图及合成后的效果如图 8-10 所示，具体操作如下。

图 8-10　原图及合成后的效果

（1）打开"图库/项目八/双手爱心.jpg、蓝天太阳.jpg"文件。

（2）将"蓝天太阳.jpg"图片移动复制到"双手爱心.jpg"文件中生成"图层 1"，将"图层 1"的"不透明度"设置为 70%。按 Ctrl+T 组合键，为复制的图片添加自由变换框，并将其调整至图 8-11 所示效果，按 Enter 键，确认图片的变换操作。

（3）将"图层 1"的"不透明度"设置为 100%，单击"图层 1"前方的 ◉ 按钮，隐藏"图层 1"，图层面板如图 8-12 所示。

图 8-11　调整后的图片效果　　　　　　图 8-12　隐藏"图层 1"

（4）选择"背景"图层，在工具栏选择"快速选择"工具 ，选择图像中的双手，如图 8-13 所示。

（5）单击鼠标右键，在弹出的快捷菜单中执行"选择反向"命令。在"图层"面板中选择"图层 1"，单击"图层 1"前的眼睛图标，显示图层，如图 8-14 所示。

图 8-13　选择双手图像　　　　　　　图 8-14　显示"图层 1"

（6）单击"图层"面板下方的■按钮，为"图层1"添加图层蒙版，如图8-15所示。

图8-15　为"图层1"添加图层蒙版

（7）按 Shift+Ctrl+S 组合键，将文件另存为"双手托光.psd"。

任务三　利用通道抠选半透明头纱

通道是用来保存颜色信息的，可以存储图像中的颜色数据、蒙版或选区。每一幅图像都有一个或多个通道，通过编辑通道中存储的颜色信息，就可以对图像进行编辑。本任务使用通道抠选半透明头纱。

1. 通道类型

根据存储的内容不同，通道可以分为复合通道、单色通道、专色通道和 Alpha 通道，如图8-16所示。

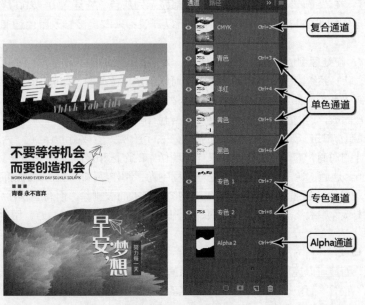

图8-16　通道类型说明

每一个 Photoshop CC 2018 中的图像都有一个或多个通道，图像中默认的颜色通道数取决于其颜色模式。每个颜色通道都存放图像颜色的元素信息，图像中的色彩是通过叠加颜色通道而获得的。在四色印刷中，青、品红、黄、黑印版就相当于 CMYK 颜色模式中的 C、M、Y、K 4 个通道。

- 复合通道：不同颜色模式的图像，其通道的数量也不一样，默认情况下，位图、灰度和索引颜色模式的图像只有 1 个通道，RGB 颜色模式和 Lab 颜色模式的图像有 3 个通道，CMYK 颜色模式的图像有 4 个通道。

例如，打开一幅 RGB 颜色模式的图像，该图像包括 R、G、B 3 个通道；打开一幅 CMYK 颜色模式的图像，该图像包括 C、M、Y、K 4 个通道。为了便于理解，下面分别以 RGB 颜色模式和 CMYK 颜色模式来解释通道原理，如图 8-17 所示。在图中，最上面的通道代表叠加图像每一个通道后的图像颜色，下面的通道代表拆分后的单色通道。

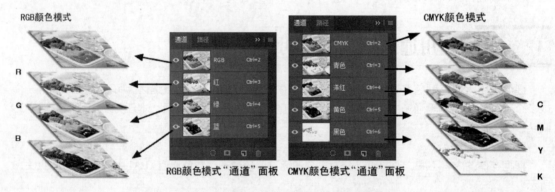

图 8-17　RGB 颜色模式和 CMYK 颜色模式的图像通道原理

- 单色通道：在"通道"面板中，单色通道都显示为灰色，它通过 0～256 级亮度的灰度表示颜色。在单色通道中很难控制图像的颜色效果，所以一般不采取直接修改单色通道的方法改变图像的颜色。

- 专色通道：在处理颜色种类较多的图像时，为了让自己的印刷作品与众不同，往往要做一些特殊通道的处理。除了系统默认的颜色通道外，还可以创建专色通道，如增加印刷品的荧光油墨或夜光油墨，套版印制无色系（如烫金、烫银）等，这些特殊颜色的油墨称为"专色"，这些专色都无法用三原色油墨混合而成，这时就要用到专色通道与专色印刷了。

- Alpha 通道：单击"通道"面板底部的 □ 按钮，可创建一个 Alpha 通道。Alpha 通道是为保存选区而专门设计的通道，其作用主要是用来保存图像中的选区和蒙版。在生成一个图像文件时，并不一定产生 Alpha 通道，通常它是在图像处理过程中为了制作特殊的选区或蒙版而人为生成的。因此在输出制版时，Alpha 通道会因为与最终生成的图像无关而被删除。但有些软件会保留 Alpha 通道，例如，在三维软件中最终渲染输出作品时，会附带生成一张 Alpha 通道，用以在平面处理软件中做后期合成。

2. "通道"面板

利用"通道"面板可以完成创建、复制或删除通道等操作。执行"窗口"/"通道"命令，即可在工作区中显示"通道"面板。下面介绍"通道"面板中各按钮的功能和作用。

- "指示通道可见性"图标 ◉：此图标与"图层"面板中的 ◉ 图标的作用是相同的，反复单击可以使通道在显示或隐藏之间切换。注意，当"通道"面板中某一单色通道被隐藏后，复合通道会自动隐藏；当选择或显示复合通道后，所有的单色通道也会自动显示。

- 通道缩览图：▣图标右侧为通道缩览图，其作用是显示通道的颜色信息。
- 通道名称：通道缩览图的右侧为通道名称，它能使用户快速识别各种通道。通道名称的右侧为切换该通道的快捷键。
- "将通道作为选区载入"按钮▨：单击此按钮或按住 Ctrl 键单击某通道，可以将该通道中颜色较淡的区域载入为选区。
- "将选区存储为通道"按钮▣：当图像中有选区时，单击此按钮，可以将图像中的选区存储为 Alpha 通道。
- "创建新通道"按钮▤：单击此按钮，可以创建一个新的通道。
- "删除当前通道"按钮▥：单击此按钮，可以将当前选择或编辑的通道删除。

对于背景是单色的图像，选择起来还是较简单的，但如果要选择背景中半透明的头纱，那还需要掌握一定技巧。下面利用通道将复杂背景中的半透明头纱图像抠选出来，并为其添加新的背景，原图及重新合成后的效果如图 8-18 所示，具体操作如下。

图 8-18　原图及重新合成后的效果

（1）打开"图库/项目八/女孩.jpg"文件。

（2）调出"通道"面板，分别单击面板中的"红""绿""蓝"通道，查看图像的颜色对比效果。通过观察，会发现蓝色通道中的人物与背景对比最为强烈，如图 8-19 所示。

"红"通道　　　　　　　　　"绿"通道　　　　　　　　　"蓝"通道

图 8-19　图像的颜色对比效果

（3）将明暗对比明显的"蓝"通道设置为工作状态，单击面板底部的▨按钮，载入"蓝"通道的选区，按 Ctrl+2 组合键转换到 RGB 通道模式，载入的选区形状如图 8-20 所示。

（4）返回"图层"面板中新建"图层 1"，将"图层混合模式"设置为滤色，并为"图层 1"填充红色，在"色板"中选择的颜色及填充的图层如图 8-21 所示，填充红色后的效果如图 8-22 所示。

图 8-20　载入的选区形状

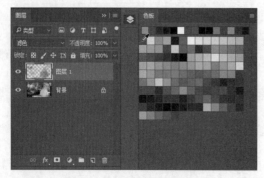

图 8-21　选择的颜色及填充的图层

图 8-22　填充红色后的效果

（5）新建"图层 2"，将"图层混合模式"设置为滤色，并为"图层 2"填充绿色，在"色板"中选择的颜色及填充的图层如图 8-23 所示，填充绿色后的效果如图 8-24 所示。

图 8-23　选择的颜色及填充的图层

图 8-24　填充绿色后的效果

（6）新建"图层 3"，将"图层混合模式"设置为滤色，并为"图层 3"填充蓝色，在"色板"中选择的颜色及填充的图层如图 8-25 所示，填充蓝色后的效果如图 8-26 所示。

图 8-25　选择的颜色及填充的图层

图 8-26　填充蓝色后的效果

（7）按 Ctrl+D 组合键取消选择选区，按两次 Ctrl+E 组合键将"图层 3"和"图层 2"向下合并到"图层 1"中。

（8）将"背景"图层复制生成"背景 拷贝"图层，为"背景"图层填充深蓝色（R:30,G:35, B:130）。

（9）将"背景 拷贝"图层设置为当前图层，单击"图层"面板底部的 ▣ 按钮，为"背景 副本"图层添加图层蒙版。

（10）选择"画笔"工具 ，单击属性栏中的 按钮，在弹出的"画笔选项"面板中将"硬度"设置为 50%，依次设置合适的笔头大小并在"背景 拷贝"图层的蒙版中绘制黑色，编辑蒙版，将除人物以外的图像隐藏，效果如图 8-27 所示。

（11）将"图层 1"设置为当前图层，选择"橡皮擦"工具 ，设置合适的笔头大小后，在画面中将除人物外的其他部分擦除，最终效果如图 8-28 所示。

图 8-27　编辑蒙版后的效果

图 8-28　擦除后的效果

知识提示

在编辑图层蒙版及擦除"图层 1"中的图像时，一定要仔细，特别是人物的周围，要先将笔头设置得小一点，然后慢慢地拖曳鼠标指针，以达到精细抠图的效果。

（12）按住 Ctrl 键单击图 8-29 所示"背景 拷贝"图层的蒙版缩览图，加载人物选区。

（13）设置"图层 1"为当前图层，单击 按钮为其添加图层蒙版，按 Ctrl+I 组合键进行反相，生成的图层蒙版缩览图及画面效果如图 8-30 所示。

图 8-29　加载人物选区

图 8-30　生成的图层蒙版缩览图及画面效果

知识提示

此处为"图层 1"添加图层蒙版，目的是将当前图层的人物隐藏，显示出原来图像中的人物，而"图层 1"中仍保留显示选择的头纱。

（14）至此，女孩选择完成，按 Shift+Ctrl+S 组合键，将此文件另存为"女孩 选取.psd"。接下来，将选择的图像移动复制到新的场景中。

（15）打开"图库/项目八/樱花.jpg"文件，如图 8-31 所示。

（16）打开"女孩 选取.psd"文件，将"背景 拷贝"图层和"图层 1"同时选择，并将其移动复制到"樱花.jpg"文件中。

（17）执行"编辑"/"自由变换"命令，将复制的人物图像调整为合适的大小后放置到图 8-32 所示的位置。

图 8-31 打开的图片　　　　　　　　图 8-32 图像放置的位置

（18）按 Shift+Ctrl+S 组合键，将此文件另存为"合成樱花背景.psd"。

任务四　利用通道选择复杂图像

根据通道中单色通道的明暗分布情况进行编辑，可以把通道中的白色区域转换成选区，从而达到选择指定图像的目的。本任务通过案例来学习利用通道增加图像与背景的对比度，从而把需要的图像从背景中选择出来的方法。

> 在通道中，白色代替图像的透明区域，表示要处理的部分，可以直接添加选区；黑色表示不需处理的部分，不能直接添加选区。

下面利用通道将杂乱的树枝从背景中选出并为其更换背景，原图及更改背景后的效果如图 8-33 所示，具体操作如下。

图 8-33 原图及更改背景后的效果

（1）打开"图库/项目八/树枝.jpg"文件。

（2）打开"通道"面板，将明暗对比较明显的"蓝"通道复制生成为"蓝 拷贝"通道，如图 8-34

所示。

（3）执行"图像"/"调整"/"色阶"命令，在弹出的"色阶"对话框中设置参数，如图 8-35 所示。

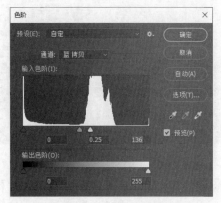

图 8-34 复制"蓝"通道　　　　　　　　　　图 8-35 "色阶"对话框设置

（4）单击 确定 按钮，调整后的图像效果如图 8-36 所示。

（5）将前景色设置为白色，选择"画笔"工具 ，在画面的右下角喷绘白色，效果如图 8-37 所示。

（6）按 Ctrl+I 组合键，将画面反相显示，效果如图 8-38 所示。

图 8-36 调整后的图像效果　　　　图 8-37 喷绘白色后的效果　　　　图 8-38 反相显示后的效果

（7）单击"通道"面板底部 按钮，载入"蓝 副本"通道的选区，按 Ctrl+2 组合键转换到 RGB 通道模式，载入的选区如图 8-39 所示。

（8）按 Ctrl+J 组合键，将选区中的内容复制生成"图层 1"，将"背景"图层隐藏，选择的树枝效果如图 8-40 所示。

图 8-39 载入的选区　　　　　　　　　　图 8-40 选择的树枝效果

（9）打开素材文件中的"背景.jpg"文件，如图 8-41 所示。

（10）将"树枝.jpg"文件中的"图层 1"移动复制到"背景.jpg"文件中，按 Ctrl+T 组合键，为其添加自由变换框，并将其调整至图 8-42 所示的形态，按 Enter 键，确认图片的变换操作。

图 8-41　打开的图片　　　　　　　　　　　　图 8-42　调整后的图片形态

（11）按 Shift+Ctrl+S 组合键，将文件另存为"替换背景.psd"。

项目实训　制作公益海报

本实训将综合运用图层及图层蒙版制作出图 8-43 所示的公益海报，具体操作如下。

图 8-43　制作完成的公益海报

微课

制作公益海报

（1）打开"图库/项目八/花纹背景.jpg"文件。

（2）打开"图库/项目八/励志.jpg"文件，将其移动复制到"花纹背景.jpg"文件中生成"图层 1"。

（3）按 Ctrl+T 组合键为复制的图片添加自由变换框，并将其调整至图 8-44 所示的图像形状，按 Enter 键确认图像的变换操作。

（4）打开"图库/项目八/画笔.png"文件，将其移动复制到"花纹背景.jpg"文件中生成"图层 2"。

（5）按 Ctrl+T 组合键为复制的图片添加自由变换框，并将其调整至图 8-45 所示的图像形状，按 Enter 键确认图像的变换操作。

图 8-44　调整后的图像形状（1）　　　　　　图 8-45　调整后的图像形状（2）

（6）在"图层"面板中将"图层 2"调整至"图层 1"的下方，按住 Ctrl 键单击"图层 2"的图层缩览图加载选区。选择"图层 1"，单击"图层"面板下方的  按钮，为"图层 1"添加图层模板，如图 8-46 所示。

（7）打开"图库/项目八/文字.png"文件，将其移动复制到"花纹背景.jpg"文件中生成"图层 3"。按 Ctrl+T 组合键为复制的图片添加自由变换框，并将其调整至图 8-47 所示的位置，按 Enter 键确认图像的变换操作。

图 8-46　添加模板后的效果　　　　　　　　图 8-47　图像放置的位置

（8）打开"图库/项目八/花纹.png"文件，将其移动复制到"花纹背景.jpg"文件中生成"图层 4"。按 Ctrl+T 组合键为复制的图片添加自由变换框，并将其调整至图 8-48 所示的大小及位置，将"图层 3"的文字完全覆盖。按 Enter 键确认图像的变换操作。

（9）在"图层"面板中选择"图层 4"，单击鼠标右键，在弹出的快捷菜单中"创建剪贴蒙版"命令，为"图层 3"添加图层蒙版，如图 8-49 所示。

（10）单击"图层 4"，按 Ctrl+M 组合键，在弹出的"曲线"对话框中设置参数，如图 8-50 所示。

（11）单击 确定 按钮，图像调整颜色后的效果如图 8-51 所示。

图 8-48　调整图像的大小及位置

图 8-49　添加图层蒙版

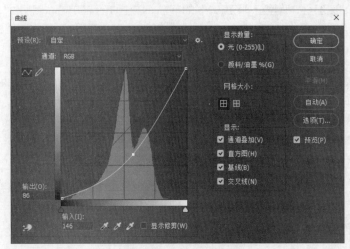

图 8-50　"曲线"对话框设置

图 8-51　调整颜色后的效果

（12）新建"图层 5"，选择"套索"工具，绘制出图 8-52 所示的选区，并为其填充深红色（R:110,G:5,B:5），按 Ctrl+D 组合键取消选区。

（13）选择"直排文字"工具，在深红色图形上输入图 8-53 所示的白色文字。

图 8-52　绘制选区

图 8-53　输入文字

（14）选择"直排文字"工具 ，依次输入图 8-54 所示的黑色文字。

图 8-54　输入的黑色文字

知识
提示

读者在实际操作过程中，可根据要设计的广告内容输入相应的文字。

（15）至此，公益海报设计完成，按 Ctrl+S 组合键，将此文件命名为"公益海报.psd"并保存。

项目拓展　分离与合并通道

在图像处理过程中，有时需要将通道分离为多个单独的灰度图像，分别对其进行编辑处理，然后再进行合并，从而制作出各种特殊的图像效果。本拓展任务以案例的形式来讲解通道的分离与合并操作，具体操作如下。

（1）打开"图库/项目八/自然风光.jpg"文件，如图 8-55 所示。

微课

分离与合并
通道

图 8-55　打开的图片

（2）在"通道"面板中单击右上角的 按钮，在弹出的面板菜单中执行"分离通道"命令，此时原图被关闭，生成的灰度图像以原文件名和通道缩写的形式重新命名，它们分别位于不同的图像窗口中，相互独立，如图 8-56 所示。

图 8-56　分离通道后生成的灰度图像

（3）在"通道"面板中单击右上角的▤按钮，在弹出的面板菜单中执行"合并通道"命令，弹出图 8-57 所示的"合并通道"对话框。

- "模式"下拉列表：用于指定合并图像的颜色模式，下拉列表中有"RGB 颜色""CMYK 颜色""Lab 颜色""多通道"4 种颜色模式。

- "通道"文本框：决定合并图像的通道数目，该数值由图像的颜色模式决定，当选择"多通道"模式时，通道数目不限。

（4）在"模式"下拉列表中选择"RGB 颜色"选项，单击 确定 按钮。

（5）在弹出的"合并 RGB 通道"对话框中分别设置各通道的灰度图像，如图 8-58 所示。

图 8-57 "合并通道"对话框

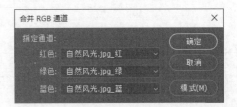

图 8-58 "合并 RGB 通道"对话框设置

（6）单击 确定 按钮，即可合成图像，效果如图 8-55 所示。

（7）按 Ctrl+S 组合键，将合成后的图像文件命名为"合并通道效果 1.jpg"并保存。

图像被分离通道后，若对灰度图像进行了颜色调整，合并通道后，将生成不同的色调效果。

（8）在"通道"面板中单击右上角的▤按钮，在弹出的面板菜单中执行"分离通道"命令。

（9）确认分离出来的"红"灰色图像文件处于工作状态，执行"图像"/"调整"/"曲线"命令（快捷键为 Ctrl+M），在弹出的"曲线"对话框中，将鼠标指针放置到预览窗口中的斜线上，按住鼠标左键并向左上方拖曳，将曲线调整至图 8-59 所示的形状。

（10）单击 确定 按钮，图像调整后的效果如图 8-60 所示。

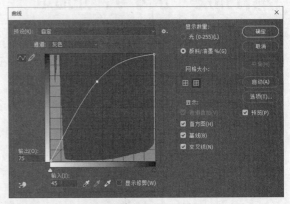

图 8-59 调整后的曲线形状

图 8-60 调整后的图像效果

（11）在"通道"面板中单击右上角的▤按钮，在弹出的面板菜单中执行"合并通道"命令，弹出"合并通道"对话框。

（12）在"模式"下拉列表中选择"RGB 颜色"选项，单击 确定 按钮。

（13）在弹出的"合并 RGB 通道"对话框中单击 确定 按钮，即可合成图像，合成的效果如图 8-61 所示。

图 8-61　通道调色后合成的效果与原图

（14）按 Ctrl+S 组合键，将合成后的文件命名为"合并通道效果 2.jpg"并保存。

习题

（1）打开"图库/项目八/习题 1/女孩 01.jpg、女孩 02.jpg"文件，如图 8-62 所示。用本项目介绍的蒙版操作，将"女孩 02.jpg"文件中的脸换成"女孩 01.jpg"文件中的脸，人物换脸后的效果如图 8-63 所示。

图 8-62　打开的图片　　　　　　　　　　　　　　图 8-63　人物换脸后的效果

（2）打开"图库/项目八/习题 2/打伞女孩.jpg、向日葵.jpg"文件，如图 8-64 所示。利用本项目介绍的选择半透明头纱的操作方法，制作出图 8-65 所示的图像合成效果。

图 8-64　打开的图片　　　　　　　　　　　　　　图 8-65　合成效果

09 项目九
图像颜色的调整

　　本项目主要介绍调整命令的应用，调整命令主要用于对图像或图像某一部分的颜色、亮度、饱和度及对比度等进行调整，使用这些命令可以使图像产生多种色彩上的变化。另外，在对图像的颜色进行调整时要注意选区的添加与应用。

知识技能目标

- 掌握各种调整命令的功能及使用方法；
- 掌握利用颜色调整命令来调整照片颜色的方法；
- 掌握图像颜色的矫正方法；
- 掌握利用调整命令制作特殊效果的方法；
- 掌握各种调整命令的综合应用。

任务一 基本调色

执行"图像"/"调整"命令，弹出图 9-1 所示的子菜单。

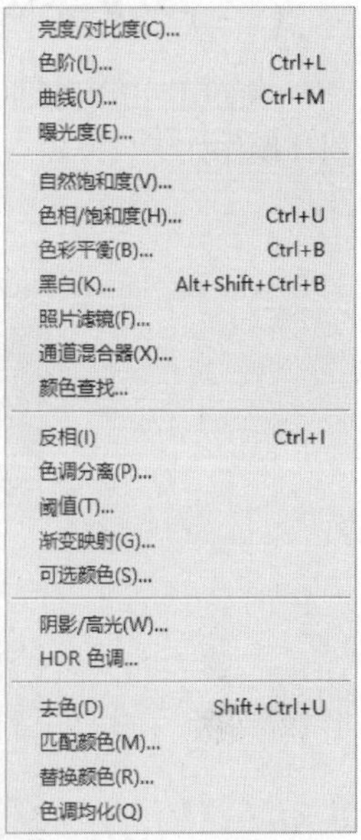

图 9-1 弹出的子菜单

- "亮度/对比度"命令：通过设置不同的数值及调整滑块的不同位置来改变图像的亮度及对比度。
- "色阶"命令：可以调节图像各个通道的明暗对比，从而改变图像的颜色。
- "曲线"命令：通过调整曲线的形状来改变图像各个通道的明暗数量，从而改变图像的色调。
- "曝光度"命令：可以在线性空间中调整图像的曝光数量、位移和灰度系数，进而改变当前颜色空间中图像的亮度和明度。
- "自然饱和度"命令：可以直接调整图像的饱和度。
- "色相/饱和度"命令：可以调整图像的色相、饱和度和亮度，它既可以作用于整个画面，也可以对指定的颜色进行单独调整，并可以为图像染色。
- "色彩平衡"命令：通过调整各种颜色的混合量来调整图像的整体色彩，如果在"色彩平衡"对话框中勾选"保持亮度"复选框，对图像进行调整时可以保持图像的亮度不变。
- "黑白"命令：可以快速将彩色图像转换为黑白图像或单色图像，同时保持对各颜色的控制。
- "照片滤镜"命令：可以模仿在相机镜头前面加彩色滤镜的效果，以便调整通过镜头传输的光的色彩平衡和色温，使图像产生不同颜色的滤色效果。
- "通道混合器"命令：可以通过混合指定的颜色通道来改变某一颜色通道的颜色，进而影响图像的整体效果。
- "颜色查找"命令：可以对图像色彩进行矫正，实现高级色彩的调整。该命令虽然不是最好用的精细色彩调整工具，但它却可以在短短几秒内创建多个颜色版本，用来模糊查找色彩非常方便。
- "反相"命令：可以将图像中的颜色及亮度全部反转，生成图像的反相效果。
- "色调分离"命令：可以自行指定图像中每个通道的色调级数目，并将这些像素映射在最接近的匹配色调上。
- "阈值"命令：通过调整滑块的位置可以调整"阈值色阶"值，从而将灰度图像或彩色图像转换为高对比度的黑白图像。
- "渐变映射"命令：可以将选择的渐变色映射到图像中以取代原来的颜色。
- "可选颜色"命令：可以通过调整图像中的某一种颜色，从而影响图像的整体效果。
- "阴影/高光"命令：可以矫正由强逆光而形成剪影的照片，或者矫正由于太接近相机闪光灯而有些发白的焦点。
- "HDR 色调"命令：可用来修补太亮或太暗的图像，制作出高动态范围的图像效果。
- "去色"命令：可以将原图中的颜色删除，使图像以灰色的形式显示。
- "匹配颜色"命令：可以将一个图像（原图）的颜色与另一个图像（目标图像）相匹配，还可以通过更改亮度、色彩范围及中和色调来调整图像中的颜色。
- "替换颜色"命令：可以用设置的颜色样本来替换图像中指定的颜色范围，其工作原理是先用"色彩范围"命令选择要替换的颜色范围，再用"色相/饱和度"命令调整选择图像的色彩。

● "色调均化"命令：可以将通道中最亮和最暗的像素定义为白色和黑色，再按照比例重新分配到画面中，使图像中的明暗分布更加均匀。

（一）给汽车换色

下面灵活运用各种调整命令对图像中汽车的颜色进行调整，原图及调整后的效果如图 9-2 所示。具体操作如下。

图 9-2　原图及调整后的效果

（1）打开"图库/项目九/汽车.jpg"文件。

（2）执行"选择"/"色彩范围"命令，弹出"色彩范围"对话框，将鼠标指针移动到图 9-3 所示的位置单击，吸取要选择的颜色范围。

（3）在"色彩范围"对话框中设置各项参数，如图 9-4 所示。

图 9-3　鼠标指针放置的位置

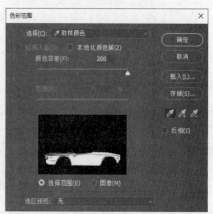

图 9-4　"色彩范围"对话框设置

（4）单击 确定 按钮，生成的选区如图 9-5 所示。

（5）单击"图层"面板下方的 按钮，在弹出的下拉列表中选择"色相/饱和度"选项，弹出"属性"面板，在其中设置各项参数，如图 9-6 所示。

知识提示

　　在调整图像的颜色时，要学会灵活运用填充图层和调整图层。在调整过程中，如果对填充的颜色或调整的颜色效果不满意，可随时重新调整或删除填充图层和调整图层，原图不会被破坏。

图9-5　生成选区　　　　图9-6　色相/饱和度"属性"面板设置

（6）"图层"面板中会自动生成一个调整图层，图像调色后的效果及"图层"面板如图9-7所示。

图9-7　图像调色后的效果及"图层"面板

知识提示

　　此处先创建选区再调整颜色，目的是只给选区内的图像调色，如果不创建选区，将对整个图像进行调色。

　　接下来，利用色阶对汽车的颜色进行调整。

　　（7）单击"色相/饱和度 1"调整图层前面的👁图标，将该图层隐藏，按住 Ctrl 键单击"色相/饱和度1"调整图层的图层蒙版缩览图，加载汽车的选区。

　　（8）单击"图层"面板下方的◒按钮，在弹出的下拉列表中选择"色阶"选项，在弹出的色阶"属性"面板中，分别调整"RGB"通道和"红"通道中的各项参数，如图9-8所示，图像调色后的效果如图9-9所示。

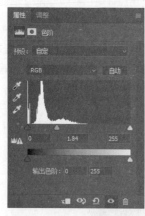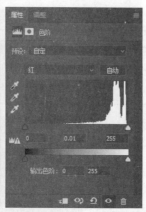

图9-8　色阶"属性"面板调整

图9-9　图像调色后的效果

最后，利用填充图层来调整汽车的颜色。

（9）单击"色阶 1"调整图层前面的  图标，将该层隐藏，按住 Ctrl 键单击"色相/饱和度 1"调整图层的图层蒙版缩览图，加载汽车的选区。

（10）单击"图层"面板下方的 ◉ 按钮，在弹出的下拉列表中选择"纯色"选项，在弹出的"拾色器"面板中将颜色设置为红色（R:25,G:0,B:250）。

（11）单击 确定 按钮，图像效果如图 9-10 所示。

（12）在"图层"面板中将"颜色填充 1"图层的"图层混合模式"设置为柔光，生成的图像效果如图 9-11 所示。

图 9-10　添加颜色后的效果　　　　图 9-11　设置混合模式后的效果

（13）按 Shift+Ctrl+S 组合键，将当前文件另存为"汽车换颜色.psd"。

知识
提示

　　通过以上的案例，可以看出要调整图像的颜色有很多种方法。这就需要读者对每一个命令都熟练掌握，只有这样才能在实际工作中灵活运用。

（二）将树林图像调整为金秋效果

下面灵活运用色相/饱和度将树林图像调整为金秋效果，调整前后的图像效果如图 9-12 所示，具体操作如下。

（1）打开"图库/项目九/树林.jpg"文件。

（2）单击"图层"面板下方的 ◉ 按钮，在弹出的下拉列表中选择"色相/饱和度"选项，弹出"属性"面板，在 全图 下拉列表中选择"绿色"选项。

（3）设置各项参数，如图 9-13 所示，画面调整后的效果如图 9-14 所示。

图 9-12 调整前后的图像效果

图 9-13 色相/饱和度"属性"面板绿色设置

图 9-14 调整颜色后的效果

 知识
提示

由于图像的整体色调为绿色，因此先对绿色进行调整，将其调整为秋天的色调。

此时，图像已基本调整为秋天的色调了，但可以看出两个问题：一是光线和背景的色调有些冷；另一个是下方还有一部分颜色与整体色调不太协调。接下来继续调整。

（4）在"属性"面板中的 绿色   下拉列表中选择"黄色"选项，设置各项参数，如图 9-15 所示。

（5）在 黄色   下拉列表中选择"青色"选项，设置各项参数，如图 9-16 所示。

图 9-15 色相/饱和度"属性"面板黄色设置   图 9-16 色相/饱和度"属性"面板青色设置

（6）至此，图像颜色调整完成，按 Shift+Ctrl+S 组合键，将文件另存为"金秋树林.psd"。

任务二　对图像颜色进行矫正

Photoshop CC 2018 中提供了多种图像色彩矫正命令，利用这些命令可以将彩色图像调整成黑白或单色效果，也可以给黑白图像上色使其焕然一新。无论图像是曝光过度还是曝光不足，都可以利用不同的矫正命令进行弥补，从而达到令人满意的、可打印输出的效果。本任务介绍使用色彩矫正命令对图像颜色进行调整的方法。

（一）调整曝光不足的照片

在测光不准的情况下，很容易使所拍摄的照片出现曝光过度或曝光不足的情况，下面就介绍利用"图像"/"调整"/"色阶"命令对曝光不足的照片进行修复调整，调整前后的图像效果如图 9-17 所示。具体操作如下。

图 9-17　原图与调整后的图像效果

（1）打开"图库/项目九/咖啡.jpg"文件。

通过观察图像，我们发现整幅图像过于暗淡，高光部分不明显，下面利用"色阶"命令对其进行调整。

（2）单击"图层"面板下方的 按钮，在弹出的菜单中执行"色阶"命令。

在弹出的"属性"面板的直方图中也可以看出图像中没有高光部分的像素，所有的像素都分布在暗调周围。

（3）向左拖曳中间的滑块调整图像的中间色阶，调整后的效果如图 9-18 所示。

（4）向左拖曳最右侧的滑块调整图像的高光色阶，调整后的效果如图 9-19 所示。

图 9-18　调整后的效果（1）

图 9-19　调整后的效果（2）

（5）此时，图像效果已经很理想了，按 Shift+Ctrl+S 组合键，将文件另存为"调整曝光不足的照片.jpg"。

（二）矫正人像皮肤颜色

标准人像照片的背景一般都相对简单，拍摄时调焦较为准确、用光讲究、曝光充足，皮肤、服饰都会得到真实的质感表现。在夜晚或者光源不理想的环境下拍摄的照片，往往会出现人物肤色偏色或不真实的情况。下面介绍肤色偏色的矫正方法，能使照片中的人物肤色更加真实，调整前后的图像效果如图 9-20 所示。具体操作如下。

图 9-20　调整前后的图像效果

（1）打开"图库/项目九/人物 01.jpg"文件。

通过观察发现图像偏绿，下面首先就要将"绿"通道的颜色减少。

（2）单击"图层"面板底部的 ![按钮]，在弹出的下拉列表中选择"曲线"选项，在弹出的"曲线"面板中打开 `RGB` 下拉列表，选择"绿"通道，调整曲线形状，如图 9-21 所示，降低绿色饱和度后的图像效果如图 9-22 所示。

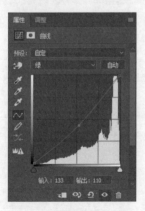

图 9-21　调整后的曲线形态

图 9-22　调整后的图像效果

（3）在 `绿` 下拉列表中选择"蓝"通道，调整曲线的形态，如图 9-23 所示，增加蓝色后的图像效果如图 9-24 所示。

至此，图像颜色基本矫正，下面稍微给图像添加一些红色，使人物的肤色显得红润，再整体调整一下 RGB 通道，即可完成图像颜色的矫正。

（4）在 `蓝` 下拉列表中选择"红"通道，调整曲线的形态，如图 9-25 所示。

（5）在 `红` 下拉列表中选择"RGB"通道，根据当前图像颜色的实际情况进行提亮处理，曲线形态如图 9-26 所示，调整后的图像效果如图 9-27 所示。

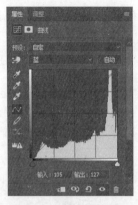

图 9-23　调整后的曲线形态　　　　　　　　　　图 9-24　调整后的图像效果

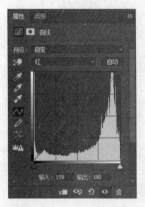

图 9-25　调整的"红"通道曲线形态　　图 9-26　调整的整体曲线形态　　　　图 9-27　调整后的图像效果

 知识提示

　　　　　在利用曲线矫正图像颜色时，要仔细进行实验并反复调整，直到调整出满意的颜色为止。

　　（6）按 Shift+Ctrl+S 组合键，将文件另存为"矫正图像色调.psd"。

任务三　制作特殊效果

　　灵活运用图像调整命令，还可以为图像调整出各种特殊的艺术效果。本任务介绍各种特殊效果的制作方法。

（一）黑白效果

　　下面利用"去色"命令制作图像的黑白效果，如图 9-28 所示，具体操作如下。

　　（1）打开"图库/项目九/人物 02.jpg"文件，如图 9-29 所示。

　　（2）按 Ctrl+J 组合键，将"背景"图层复制生成"图层 1"，执行"图像"/"调整"/"去色"命令，将图像的颜色去除。

图 9-28　制作的黑白效果

图 9-29　打开的图片

（3）单击"图层"面板下方的 ⊘ 按钮，在弹出的下拉列表中选择"曲线"选项，在弹出的"属性"面板中调整曲线形态，如图 9-30 所示，调整后的图像效果如图 9-31 所示。

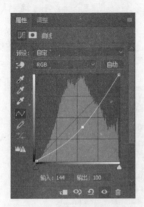

图 9-30　曲线的"属性"面板

图 9-31　调整后的图像效果

（4）单击"图层"面板下方的 ⊘ 按钮，在弹出的下拉列表中选择"亮度/对比度"选项，在弹出的"属性"面板中设置参数，如图 9-32 所示，调整后的图像效果如图 9-33 所示。

图 9-32　亮度/对比度的"属性"面板

图 9-33　调整后的图像效果

（5）按 Shift+Ctrl+S 组合键，将文件另存为"制作黑白效果.psd"。

（二）制作老照片效果

下面灵活运用图层混合模式及各种调整命令，为图像制作老照片效果，如图 9-34 所示，具体操作如下。

（1）打开"图库/项目九/旧相纸.jpg、人物 03.jpg"文件，如图 9-35 所示。

　　　图9-34　制作的老照片效果　　　　　　　　　　　图9-35　打开的图片

（2）将人物图片移动复制到"旧相纸.jpg"文件中生成"图层 1"，按 Ctrl+T 组合键，为复制的图片添加自由变换框，并将其调整至图 9-36 所示的形态，按 Enter 键，确认图像的变换操作。

（3）将"图层 1"的"图层混合模式"设置为正片叠底，更改混合模式后的图像效果如图 9-37 所示。

　　　图9-36　调整后的图片形态　　　　图9-37　更改混合模式后的图像效果

（4）单击"图层"面板下方的 ▣ 按钮，为"图层 1"添加图层蒙版，选择"矩形选框"工具 ▥，在画面中制作蒙版，效果与面板如图 9-38 所示。

　　　　　　　图9-38　编辑蒙版后的效果与面板

（5）单击"图层"面板下方的 ⬤ 按钮，在弹出的下拉列表中选择"色阶"选项，在弹出的"属性"面板中设置参数，如图 9-39 所示，调整后的图像效果如图 9-40 所示。

（6）单击"图层"面板下方的 ⬤ 按钮，在弹出的下拉列表中选择"色相/饱和度"选项，在弹出的"属性"面板中设置参数，如图 9-41 所示，调整后的图像效果如图 9-42 所示。

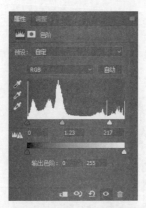

图 9-39 色阶的"属性"面板

图 9-40 调整后的图像效果

图 9-41 色相/饱和度的"属性"面板

图 9-42 调整后的图像效果

（7）单击"图层"面板下方的 按钮，在弹出的下拉列表中选择"黑白"选项，在弹出的"属性"面板中设置参数，如图 9-43 所示，调整后的图像效果如图 9-44 所示。

图 9-43 黑白的"属性"面板

图 9-44 调整后的图像效果

（8）至此，老照片效果调整完成，按 Shift+Ctrl+S 组合键，将文件另存为"制作旧照片.psd"。

项目实训　制作儿童海报

本实训将灵活运用图层混合模式、图层蒙版及各种调整命令，将儿童写真照片调整为图 9-45 所示的海报效果。具体操作如下。

图 9-45　调整后的海报效果

（1）打开"图库/项目九/儿童照片.jpg"文件，如图 9-46 所示。

（2）将"背景"图层复制生成为"背景 拷贝"图层，将"图层混合模式"设置为正片叠底，更改混合模式后的图像效果如图 9-47 所示。

图 9-46　打开的图片　　　　　　图 9-47　更改混合模式后的图像效果

（3）单击"图层"面板底部的▣按钮，为"背景 副本"图层添加图层蒙版，选择"画笔"工具 ，在画面中喷绘黑色，编辑蒙版，将人物原来的颜色显示出来，图像效果与"图层"面板如图 9-48 所示。

图 9-48　图像效果与"图层"面板

（4）单击"图层"面板下方的 ◉ 按钮，在弹出的下拉列表中选择"色相/饱和度"选项，在弹出的"属性"面板中设置参数，如图 9-49 所示，调整后的图像效果如图 9-50 所示。

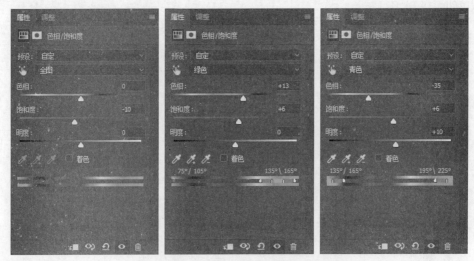

图 9-49　色相/饱和度的"属性"面板

图 9-50　调整后的图像效果

（5）单击"图层"面板下方的 ◉ 按钮，在弹出的下拉列表中选择"色彩平衡"选项，在弹出的"属性"面板中设置参数，如图 9-51 所示，调整后的图像效果如图 9-52 所示。

图 9-51　色彩平衡的"属性"面板

图 9-52　调整后的图像效果

（6）按住 Ctrl 键单击"背景 拷贝"图层的图层蒙版缩览图加载选区，依次将"色相/饱和度 1"和"色彩平衡 1"调整图层设置为当前图层，分别单击 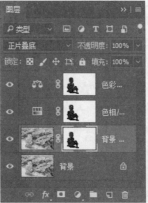 按钮，为其添加图层蒙版，还原人物肤色，图像效果如图 9-53 所示。

图 9-53　还原肤色后的图像效果

（7）打开"图库/项目九/儿童海报文字.png"文件，将其移动复制到"儿童照片.jpg"文件中生成"图层 2"。

（8）按 Ctrl+T 组合键，为复制入的图片添加自由变换框，并将其调整至图 9-54 所示的形态，按 Enter 键确认变换。

（9）单击"图层"面板下方的 fx 按钮，在弹出的下拉列表中选择"投影"选项，在弹出的"图层样式"面板中设置参数，如图 9-55 所示，为文字添加的投影效果如图 9-56 所示。

图 9-54　调整后的形态

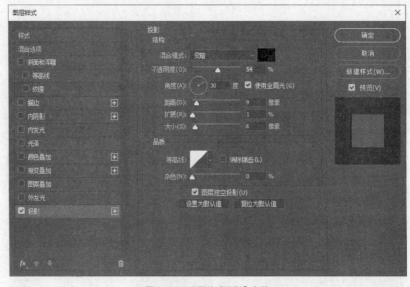

图 9-55　设置的"投影"参数

图 9-56　最终效果

（10）按 Shift+Ctrl+S 组合键，将文件另存为"儿童海报制作.psd"。

项目拓展　打造静物的艺术色调

本拓展将灵活运用各种调整命令来打造静物的艺术色调，效果如图 9-57 所示，具体操作如下。

（1）打开"图库/项目九/静物.jpg"文件，如图 9-58 所示。

图 9-57　打造静物的艺术色调

图 9-58　打开的图片

（2）单击"图层"面板下方的 按钮，在弹出的下拉列表中选择"色相/饱和度"选项，在弹出的"属性"面板中设置参数，如图 9-59 所示，调整后的图像效果如图 9-60 所示。

图 9-59　色相/饱和度的"属性"面板

图 9-60　调整后的图像效果

（3）单击"图层"面板下方的 按钮，在弹出的下拉列表中选择"可选颜色"选项，在弹出的"属性"面板中设置参数，如图 9-61 所示，调整后的图像效果如图 9-62 所示。

图 9-61　可选颜色的"属性"面板　　　　　　　图 9-62　调整后的图像效果

（4）单击"图层"面板下方的按钮，在弹出的下拉列表中选择"色彩平衡"选项，在弹出的"属性"面板中设置参数，如图 9-63 所示，调整后的图像效果如图 9-64 所示。

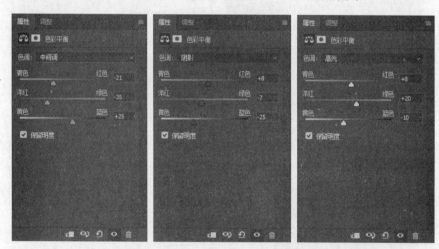

图 9-63　色彩平衡的"属性"面板

图 9-64　调整后的图像效果

（5）按 Shift+Ctrl+Alt+E 组合键，复制并合并图层为"图层 1"，单击"图层"面板下方的按钮，在弹出的下拉列表中选择"曲线"选项，在弹出的"属性"面板中调整曲线形态，如图 9-65 所示，调整后的图像效果如图 9-66 所示。

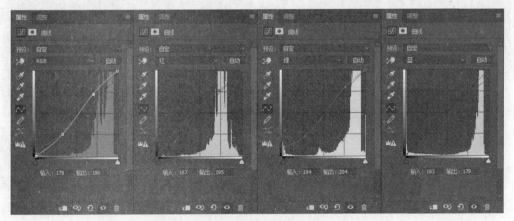

图 9-65 曲线的"属性"面板

图 9-66 调整后的图像效果

（6）单击"图层"面板下方的■按钮，在弹出的下拉列表中选择"纯色"选项，在弹出的"拾色器"对话框中设置颜色为蓝色（R:0,G:0,B:102），单击 确定 按钮。

（7）在"图层"面板中，将"颜色填充 1"调整图层的"图层混合模式"设置为排除，"不透明度"设置为 30%，如图 9-67 所示。更改混合模式及不透明度后的图像效果如图 9-68 所示。

图 9-67 "图层"面板

图 9-68 更改混合模式及不透明度后的图像效果

（8）单击"图层"面板下方的 ■ 按钮，在弹出的下拉列表中选择"色阶"选项，在弹出的"属性"面板中设置参数，如图 9-69 所示，调整后的图像效果如图 9-70 所示。

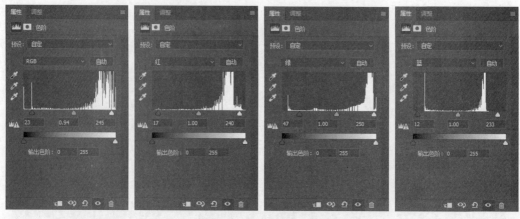

图 9-69　色阶的"属性"面板

（9）新建"图层 2"，选择"渐变"工具 ■，为其由中心向外填充从暗红色（R:50，G:5，B:5）到透明的径向渐变色，效果如图 9-71 所示。

图 9-70　调整后的图像效果　　　　　　　图 9-71　填充渐变色后的效果

（10）将"图层 2"的"图层混合模式"设置为线性加深，单击 ■ 按钮，为"图层 2"添加图层蒙版，并选择"画笔"工具 ■ 在画面的中心位置喷绘黑色，编辑蒙版，"图层"面板及图像效果如图 9-72 所示。

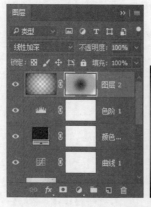

图 9-72　"图层"面板编辑蒙版后的图像效果

（11）按 Shift+Ctrl+S 组合键，将文件另存为"静物的艺术色调.psd"。

习题

（1）打开"图库/项目九/习题 1/秋天风景.jpg"文件，根据本项目介绍的方法，调整曝光不足的照片，原图与调整后的效果如图 9-73 所示。

图 9-73　原图与调整后的效果（1）

（2）打开"图库/项目九/习题 2/向日葵少女.jpg"文件，根据本项目介绍的方法，调整照片的色温，原图与调整后的效果如图 9-74 所示。

图 9-74　原图与调整后的效果（2）

（3）打开"图库/项目九/习题 3/美妆.jpg"文件，使用本项目介绍的"调整"命令和前面介绍的"蒙版"命令，将照片调整成彩色效果，原图及调整后的效果如图 9-75 所示。

图 9-75　原图与调整后的效果（3）

10

项目十
滤镜的应用

　　滤镜是 Photoshop CC 2018 中最出色的功能之一。应用滤镜可以制作出多种不同的艺术效果及各种类型的艺术字。Photoshop CC 2018 的 "滤镜" 菜单和滤镜库中共有 100 多种滤镜命令，每个命令都可以使图像产生不同的效果，也可以利用滤镜库为图像应用多种滤镜效果。

　　滤镜的使用方法非常简单，只要在图像上执行相应的命令，在弹出的对话框中设置选项和参数就可以了。本项目通过列举几种效果来介绍常用滤镜命令的使用方法，希望读者能够掌握单个滤镜和多种滤镜综合运用的方法，以便将来在实际工作中灵活运用。

知识技能目标

- 掌握利用 "滤镜" 菜单制作特殊效果的方法；
- 掌握制作背景模糊效果的方法；
- 掌握制作日出效果和光线效果的方法；
- 掌握制作素描效果的方法；
- 掌握制作绚丽的彩色星球效果的方法。

任务一　制作背景模糊效果

本任务介绍如何使用滤镜制作背景模糊效果。

展开"滤镜"菜单，如图 10-1 所示。

图 10-1　"滤镜"菜单

- "上次滤镜操作"命令：默认情况下显示为灰色，当执行任意滤镜命令后，此处将显示上一次执行的滤镜命令名称，执行该命令，可使图像重复执行上一次所使用的滤镜。

- "转换为智能滤镜"命令：可将当前对象转换为智能对象，将图像转换为智能对象后，在对其使用滤镜时原图将不会被破坏，智能滤镜作为图层效果存储在"图层"面板中，并可以随时重新调整这些滤镜的参数。

- "滤镜库"命令：可以累积应用滤镜，并多次应用单个滤镜；还可以重新排列滤镜并更改已应用的每个滤镜的设置等，以便实现所需的效果。

- "自适应广角"命令：对摄影师及摄影爱好者来说，拍摄风景或者建筑物时必然要使用广角镜头，但用广角镜头拍摄的照片都会因镜头畸变而使照片边角位置出现弯曲变形，使用该命令可以对镜头产生的畸变进行矫正，得到一张无弯曲变形的照片。

- "Camera Raw 滤镜"命令：该命令将数码相机拍摄的照片、后期处理常用的矫正图像颜色和角度的操作界面集成在一起，能更方便地对照片进行整体和局部的调整。

- "镜头校正"命令：可以根据各种相机与镜头的测量自动矫正，轻易消除桶状和枕状变形、相片周边暗角，以及造成边缘出现彩色光晕的色相差。

- "液化"命令：可以使图像产生各种各样的图像扭曲变形效果。

- "消失点"命令：可以在打开的"消失点"对话框中通过绘制的透视线框来仿制、绘制和粘贴与选择的图像周围区域类似的元素，并进行自动匹配。

- "3D"命令：可以把图片转换成凹凸贴图和法线贴图，生成的贴图也可用于其他 3D 软件。

- "风格化"命令：可以使图像产生各种印象派及其他风格的画面效果。

- "模糊"命令：可以使图像产生模糊效果。

- "模糊画廊"命令：可以通过自定义模糊中心点或路径范围打造个性化的模糊效果，增强图片的个性模糊表现力。

- "扭曲"命令：可以使图像产生多种样式的扭曲变形效果。

- "锐化"命令：可以增加图像中相邻像素点之间的对比度，使图像更加清晰。

- "视频"命令：该命令是 Photoshop CC 2018 的外部接口命令，用于从外部设备输入图像或将图像进行输出。

- "像素化"命令：可以使图像产生分块，呈现出由单元格组成的效果。

- "渲染"命令：可以改变图像的光感效果，例如，可以模拟在图像场景中放置不同的灯光，产生不同的光源效果、夜景效果等。

- "杂色"命令：可以按照一定的方式向图像中混入杂色，制作着色像素图案的纹理。

- "其他"命令：可以设定和创建个性化的特殊效果滤镜。

- "浏览联机滤镜"命令：可以到网上浏览滤镜。

在拍摄花和昆虫等照片时，摄影师会将背景拍得很模糊，以突出要拍摄的主体对象。利用 Photoshop CC 2018 中的滤镜也可以制作出这种效果，原图与背景模糊效果如图 10-2 所示。具体操作如下。

图 10-2　原图与背景模糊效果

（1）打开"图库/项目十/荷花.jpg"文件，按 Ctrl+J 组合键，将"背景"图层复制生成"图层 1"。

（2）执行"滤镜"/"模糊"/"高斯模糊"命令，在弹出的"高斯模糊"对话框中设置参数，如图 10-3 所示。

（3）单击 确定 按钮，高斯模糊后的图像效果如图 10-4 所示。

图 10-3　"高斯模糊"对话框设置　　　　　　图 10-4　高斯模糊后的效果

（4）单击"图层"面板下方的 按钮，为"图层 1"添加图层蒙版，选择"画笔"工具 ，在画面中喷绘黑色，编辑蒙版，将荷花恢复到原来的清晰效果，如图 10-5 所示。

图 10-5　编辑蒙版后的效果

（5）按 Shift+Ctrl+S 组合键，将文件另存为"制作景深效果.psd"。

任务二　打造日出效果

本任务将灵活运用"滤镜"/"渲染"/"镜头光晕"命令和"画笔"工具 ✐ ，以及各种调整图层，将一幅风景画调整为日出效果，原图及调整后的效果如图 10-6 所示。具体操作如下。

图 10-6　原图及调整后的日出效果

（1）打开"图库/项目十/风景.jpg"文件。

（2）新建"图层 1"，将前景色设置为黑色。

（3）选择"画笔"工具 ✐ ，在属性栏中设置较大的柔边圆笔头，并将"不透明度"设置为 30%，在画面的下方按住鼠标左键并拖曳，喷绘出图 10-7 所示的黑色。

（4）新建"图层 2"，将前景色设置为深黄色（R:170,G:100,B:25）。

（5）选择"画笔"工具 ✐ ，在画面的上方按住鼠标左键并拖曳，喷绘出图 10-8 所示的深黄色。

图 10-7　喷绘出的黑色　　　　　　　　　　图 10-8　喷绘出的深黄色

（6）单击"图层"面板下方的 ⬤ 按钮，在弹出的下拉列表中选择"曲线"选项，在弹出的"属性"面板中调整曲线形态，如图 10-9 所示，调整后的图像效果如图 10-10 所示。

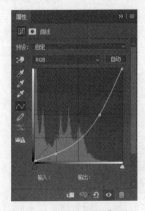

图 10-9　曲线的"属性"面板　　　　　　　　图 10-10　调整后的图像效果

（7）在"曲线"调整图层的下方新建"图层3"，并为其填充黑色，执行"滤镜"/"渲染"/"镜头光晕"命令，在弹出的"镜头光晕"对话框中设置参数，如图 10-11 所示。

（8）单击 确定 按钮，添加镜头光晕后的效果如图 10-12 所示。

图 10-11 "镜头光晕"对话框设置

图 10-12 添加镜头光晕后的效果

（9）将"图层3"的"图层混合模式"设置为线性减淡（添加），更改混合模式后的效果如图 10-13 所示。

（10）将前景色设置为黄色（R:255,G:225,B:20），选择"画笔"工具 ，在属性栏中设置较大的柔边圆笔头，将"不透明度"设置为 30%，在画面的上方按住鼠标左键并拖曳，喷绘出图 10-14 所示的黄色。

图 10-13 更改混合模式后的效果

图 10-14 喷绘出黄色

（11）选择"画笔"工具 ，在光晕的中心喷绘出图 10-15 所示的白色。

（12）执行"滤镜"/"模糊"/"高斯模糊"命令，在弹出的"高斯模糊"对话框中将"半径"设置为 10 像素，单击 确定 按钮，高斯模糊后的效果如图 10-16 所示。

图 10-15 喷绘出白色

图 10-16 高斯模糊后的效果

（13）单击"图层"面板下方的 按钮，在弹出的下拉列表中选择"色阶"选项，在弹出的"属性"面板中设置参数，如图 10-17 所示，调整后的效果如图 10-18 所示。

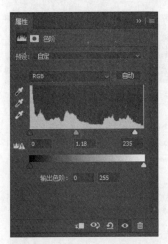

图 10-17　色阶的"属性"面板

图 10-18　调整后的效果

（14）按 Shift+Ctrl+S 组合键，将文件存为"日出效果.psd"。

任务三　制作光线效果

本任务将综合运用"滤镜"/"杂色"/"添加杂色"命令、"滤镜"/"模糊"/"动感模糊"命令，以及"滤镜"/"模糊"/"高斯模糊"命令，制作发射光线效果。原图及添加发射光线后的效果如图 10-19 所示。具体操作如下。

图 10-19　原图及添加发射光线后的效果

（1）打开"图库/项目十/黄昏.jpg"文件。

（2）选择"矩形选框"工具 ，单击属性栏中的 按钮，在画面中依次绘制出图 10-20 所示的矩形选区。

（3）新建"图层 1"，为选区填充白色，按 Ctrl+D 组合键，取消选择选区。

（4）执行"滤镜"/"杂色"/"添加杂色"命令，在弹出的"添加杂色"对话框中选择"高斯分布"单选按钮，将"数量"设置为 100%。

（5）单击 确定 按钮，添加杂色后的效果如图 10-21 所示。

（6）执行"滤镜"/"模糊"/"动感模糊"命令，在弹出的"动感模糊"对话框中将"角度"设置为 90。"距离"设置为 100 像素。

图 10-20　绘制矩形选区

图 10-21　添加杂色后的效果

（7）单击 确定 按钮，添加动感模糊后的效果如图 10-22 所示。

（8）按 Ctrl+T 组合键，为"图层 1"中的图形添加自由变换框，按住 Ctrl 键，将其调整至图 10-23 所示的效果。

图 10-22　添加动感模糊后的效果

图 10-23　调整后的效果

（9）按 Enter 键确认图形的变换操作，执行"滤镜"/"模糊"/"动感模糊"命令，在弹出的"动感模糊"对话框中将"距离"设置为 30 像素。

（10）单击 确定 按钮，添加动感模糊后的效果如图 10-24 所示。

（11）按 Ctrl+U 组合键，在弹出的"色相/饱和度"对话框中将"明度"设置为 80，单击 确定 按钮，调亮后的效果如图 10-25 所示。

图 10-24　添加动感模糊后的效果

图 10-25　调亮后的效果

（12）执行"滤镜"/"模糊"/"高斯模糊"命令，在弹出的"高斯模糊"对话框中将"半径"设置为 3 像素。

（13）单击 确定 按钮，将"图层混合模式"设置为柔光，完成发射光线效果的制作。按 Shift+Ctrl+S 组合键，将文件另存为"制作光线效果.psd"。

项目实训　制作素描效果

本实训将灵活运用"图像"/"调整"/"去色"命令、图层混合模式、"滤镜"/"最小值"滤镜命令及图层蒙版，为人物照片制作素描效果，原照片及制作的素描效果如图 10-26 所示。具体操作如下。

微课

制作素描效果

图 10-26　原照片及制作的素描效果

（1）打开"图库/项目十/人物.jpg"文件。

（2）执行"图像"/"调整"/"去色"命令，将图像中的颜色去除。

（3）按 Ctrl+J 键，将"背景"层复制生成"图层 1"，按 Ctrl+I 组合键，将画面反相显示，效果如图 10-27 所示。

（4）执行"滤镜"/"其他"/"最小值"命令，在弹出的"最小值"对话框中设置参数，如图 10-28 所示。

 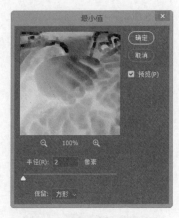

图 10-27　反相显示后的效果　　　　图 10-28　"最小值"对话框设置

（5）单击 确定 按钮，将"图层 1"的"图层混合模式"设置为颜色减淡，更改混合模式后的效果如图 10-29 所示。

（6）执行"图层"/"图层样式"/"混合选项"命令，弹出"图层样式"对话框。按住 Alt 键，将鼠标指针放置到"下一图层"色标左边的三角形滑块上，按住鼠标左键并向右拖曳进行调整，如图 10-30 所示。

（7）单击 确定 按钮，调整后的效果如图 10-31 所示。

（8）执行"滤镜"/"杂色"/"添加杂色"命令，在弹出的"添加杂色"对话框中设置参数，如图 10-32 所示。

（9）单击 确定 按钮，添加杂色后的效果如图 10-33 所示。

（10）执行"滤镜"/"模糊"/"动感模糊"命令，在弹出的"动感模糊"对话框中设置参数，如图 10-34 所示。

图 10-29　更改混合模式后的效果

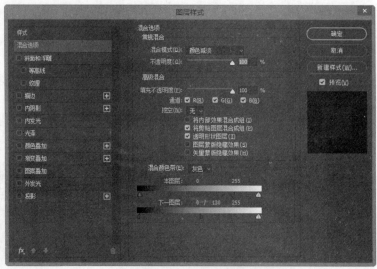

图 10-30　"图层样式"对话框设置

图 10-31　调整后的效果

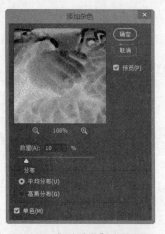

图 10-32　"添加杂色"对话框设置

图 10-33　"添加杂色"后的效果

图 10-34　"动感模糊"对话框设置

（11）单击 确定 按钮，添加动感模糊后的效果如图 10-35 所示。

至此，素描效果基本完成，下面利用图层蒙版将人物以外的图像隐藏。

（12）新建"图层 2"，并为其填充白色，将"图层 2"隐藏。

（13）将"图层 1"设置为当前图层，选择"以快速蒙版模式编辑"工具 ▣ ，创建图 10-36 所示的选区。

图 10-35　添加动感模糊后的效果　　　　　　图 10-36　创建的选区

（14）将"图层 2"显示并设置为当前图层，单击"图层"面板下方的 ▢ 按钮，将选区内的图像隐藏，选择"画笔"工具 ✎ ，在属性栏中设置较大的柔边圆笔头，并将"不透明度"设置为 20%，按住鼠标左键在人物头部位置拖曳出一个小的范围，此时的"图层"面板如图 10-37 所示，效果如图 10-38 所示。

图 10-37　"图层"面板　　　　　　图 10-38　隐藏图像后的效果

（15）按 Shift+Ctrl+S 组合键，将文件另存为"制作素描效果.psd"。

项目拓展　制作绚丽的彩色星球效果

本拓展任务将综合运用本书前面介绍的各种工具、按钮及菜单命令，包括选区工具、变换操作、画笔设置及应用、图层样式、路径操作、图层混合模式、调整图层及滤镜命令等，制作图 10-39 所示的绚丽彩色星球效果。具体操作如下。

（1）新建一个"宽度"为 20 厘米，"高度"为 13 厘米，"分辨率"为 150 像素/英寸，"颜色模式"为 RGB 颜色，"背景内容"为黑色的文件。

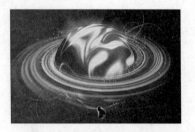

微课

制作绚丽的
彩色星球效果

图 10-39　制作出的绚丽彩色星球

（2）新建"图层 1"，将前景色设置为红色（R:255,G:0,B:0），背景色设置为蓝色（R:0,G:0,B:255），执行"滤镜"/"渲染"/"云彩"命令，为"图层 1"添加由前景色与背景色混合而成的云彩效果，如图 10-40 所示。

（3）选择"画笔"工具 ，将前景色设置为黄色（R:255,G:255,B:0），设置一个大小合适的笔刷，在画面中任意画几笔，效果如图 10-41 所示。

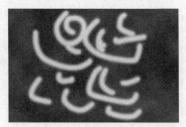

图 10-40　添加云彩效果

图 10-41　绘制黄色

（4）执行"滤镜"/"液化"命令，在弹出的"液化"对话框中选择左侧工具栏中"向前变形"工具 ，在右侧"属性"面板中设置参数，如图 10-42 所示，在对话框中按住鼠标左键多次拖曳，单击 确定 按钮，添加的液化效果如图 10-43 所示。

图 10-42　"液化"对话框"属性"面板设置

图 10-43　添加的液化效果

（5）选择"椭圆选框"工具 ，按住 Shift 键绘制出图 10-44 所示的圆形选区。

（6）按 Ctrl+J 键，将"图层 1"复制生成"图层 2"，隐藏"图层 1"，"图层 2"效果如图 10-45 所示。

图 10-44　绘制圆形选区

图 10-45　生成"图层 2"

（7）按 Ctrl 键，单击"图层 2"左侧的图层缩览图添加选区，执行"滤镜" / "扭曲" / "球面化"命令，在弹出的"球面化"对话框中设置参数，如图 10-46 所示。

（8）单击 确定 按钮，球面化后的效果如图 10-47 所示。

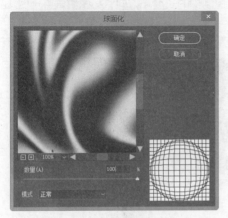

图 10-46　"球面化"对话框设置

图 10-47　球面化后的效果

（9）选择"加深"工具 ，设置一个稍大的柔边笔刷，并将"曝光度"设置为 50%，按住鼠标左键并拖曳，加深球体的暗部颜色。选择"减淡"工具 ，并将"曝光度"设置为 50%，按住鼠标左键并拖曳，提亮球体的高光部分，按 Ctrl+D 组合键，取消选择选区，效果如图 10-48 所示。

（10）按 Ctrl+L 组合键，在弹出的"色阶"对话框中设置参数，如图 10-49 所示。

图 10-48　调整颜色后的效果

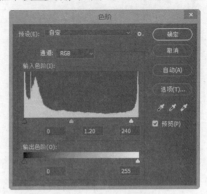

图 10-49　"色阶"对话框设置

（11）单击 确定 按钮，调整颜色后的效果如图 10-50 所示。

（12）复制"图层 2"为"图层 2 拷贝"，执行"滤镜" / "模糊" / "径向模糊"命令，在弹出的"径向模糊"对话框中设置参数，如图 10-51 所示。

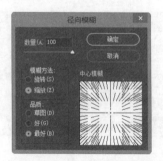

图 10-50　调整颜色后的效果　　　　　　图 10-51　"径向模糊"对话框设置

（13）单击 确定 按钮，添加径向模糊效果。按 Ctrl+T 组合键，为"图层 2 拷贝"中的图形添加自由变换框，单击鼠标右键，在弹出的快捷菜单中执行"变形"命令。

（14）调整自由变换框 4 个角上的调节点的位置及控制柄的长度和方向，将图像调整至图 10-52 所示的效果，按 Enter 键确认图像的变换操作。

（15）将"图层 2 拷贝"的"图层混合模式"设置为强光，更改混合模式后的效果如图 10-53 所示。

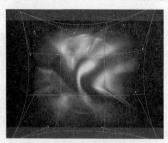

图 10-52　调整后的图像效果　　　　　　图 10-53　更改混合模式后的效果

（16）显示"图层 1"并将其调整至"图层 2 拷贝"的上方，执行"滤镜"/"模糊"/"高斯模糊"命令，在弹出的"高斯模糊"对话框设置参数，如图 10-54 所示。

（17）单击 确定 按钮，执行"滤镜"/"扭曲"/"旋转扭曲"命令，在弹出的"旋转扭曲"对话框中设置参数，如图 10-55 所示。

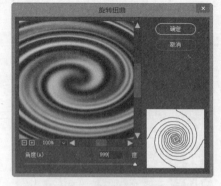

图 10-54　"高斯模糊"对话框设置　　　　图 10-55　"旋转扭曲"对话框设置

（18）单击 确定 按钮，选择"椭圆选框"工具 ，设置属性栏中"羽化"为 50 像素，绘制出图 10-56 所示的具有羽化效果的选区。

（19）执行"选择"/"反选"命令，按 Delete 键删除多余部分，再按 Delete 键一次，按 Ctrl+D 组合键将选区取消选择，效果如图 10-57 所示。

图 10-56　创建的具有羽化效果的选区　　　图 10-57　删除多余部分的效果

（20）执行"编辑"/"变换"/"透视"命令，为图像添加自由变换框，并将其调整至图 10-58 所示的效果，按 Enter 键确认图像的透视变换操作。

（21）将"图层 1"设置为当前图层，按住 Ctrl 键单击"图层 2"左侧的图层缩览图添加选区，执行"选择"/"反选"命令。

（22）单击"图层"面板下方的 按钮，为"图层 1"添加图层蒙版，选择"画笔"工具 ，添加蒙版后的效果如图 10-59 所示。

 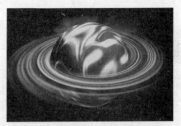

图 10-58　调整后的图像效果　　　　　　图 10-59　添加蒙版后的效果

（23）单击"图层 2"，执行"图层"/"图层样式"/"外发光"命令，在弹出的"图层样式"对话框中设置各项参数，如图 10-60 所示。

（24）单击 确定 按钮，添加图层样式后的效果如图 10-61 所示。

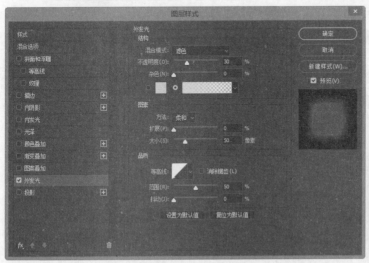 

图 10-60　"图层样式"对话框设置　　　　图 10-61　添加图层样式后的效果

（25）新建"图层 3"，并将其调整至"图层 1"的上方，将前景色设置为白色。

（26）选择"画笔"工具 ，单击属性栏中的 按钮，在弹出的"画笔设置"面板中设置选项和参数，如图 10-62 所示。

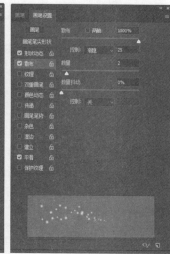

图 10-62 "画笔设置"面板设置

（27）将鼠标指针移动到画面中，按住鼠标左键并拖曳，喷绘出图 10-63 所示的白色杂点。

（28）选择"钢笔"工具 ⬤ 和"直接选择"工具 ⬤，绘制并调整出图 10-64 所示的曲线路径。

图 10-63 喷绘出白色杂点 　　　　　　　　图 10-64 绘制并调整出曲线路径

（29）选择"画笔"工具 ⬤，单击属性栏中的 ⬤ 按钮，在弹出的"画笔设置"面板中设置选项和参数，如图 10-65 所示。

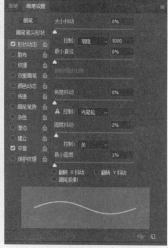

图 10-65 "画笔设置"面板设置

（30）新建"图层 4"，并将前景色设置为白色，单击"路径"面板底部的 ⬭ 按钮描边路径，在"路径"面板的灰色区域单击，描边路径后的效果如图 10-66 所示。

（31）将"图层 4"调整至"图层 2"的下方，按 Ctrl+T 组合键为路径添加自由变换框，并将其调整至图 10-67 所示的形状，按 Enter 键确认线形的变换操作。

图 10-66　描边路径后的效果　　　　　　　　图 10-67　调整路径形状

（32）将"图层 4"复制生成"图层 4 拷贝"，执行"编辑" / "变换" / "水平翻转"命令，将复制出的线形翻转。

（33）按 Ctrl+T 组合键为复制出的线形添加自由变换框，并将其调整至图 10-68 所示的形状，按 Enter 键确认图形的变换操作。

（34）用与步骤（32）、步骤（33）相同的方法依次绘制并调整出图 10-69 所示的线形。

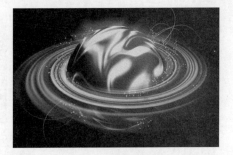

图 10-68　调整后的形状　　　　　　　　　图 10-69　绘制出的线形

（35）将"图层 2"设置为当前图层，单击"图层"面板下方的 ⬭ 按钮，在弹出的下拉列表中选择"色彩平衡"选项，在弹出的"属性"面板中设置选项及参数，如图 10-70 所示，完成彩色星球效果的制作。

图 10-70　色彩平衡的"属性"面板设置

（36）按 Ctrl+S 组合键，将文件命名为"彩色星球.psd"并保存。

习题

（1）打开"图库/项目十/习题 1/石头.jpg"文件，制作出图 10-71 所示的下雨效果。

（2）利用"滤镜"/"风格化"/"风"和"滤镜"/"扭曲"/"波纹"命令，制作出图 10-72 所示的火轮效果。

图 10-71　制作下雨效果　　　　　　　图 10-72　制作火轮效果

（3）打开"图库/项目十/习题 3/牛奶.jpg"文件，灵活运用本项目介绍的滤镜，将牛奶调整成咖啡效果，原图及调整后的效果如图 10-73 所示。

图 10-73　原图及调整后的效果

项目十一
综合案例——制作休闲生活效果

本项目将综合运用前面介绍的各种工具、按钮及菜单命令，包括选区工具、变换操作、图层样式、路径操作、图层混合模式、调整图层及滤镜命令等，制作图 11-1 所示的休闲生活效果。具体操作如下。

图 11-1　制作休闲生活效果

（1）新建一个"宽度"为 20 厘米、"高度"为 15 厘米、"分辨率"为 200 像素/英寸、"颜色模式"为 RGB 颜色、"背景内容"为白色的文件。

（2）选择"圆角矩形"工具，在属性栏中设置参数，如图 11-2 所示，在画面中单击，在弹出的"创建矩形"对话框中设置参数，如图 11-3 所示。

形状 ∨ 填充: 描边: 1 像素 ∨ W: 500 像 ∞ H: 1000 像 ⚙ 半径: 40 像素

图 11-2　"圆角矩形"工具属性栏设置

（3）单击 确定 按钮，生成图层"圆角矩形 1"，效果如图 11-4 所示。

图 11-3　"创建矩形"对话框设置

图 11-4　生成圆角矩形

（4）新建"图层 1"，选择"圆角矩形"工具，在属性栏中设置参数，如图 11-5 所示，在画面中单击，在弹出的"创建矩形"对话框中设置参数，如图 11-6 所示。

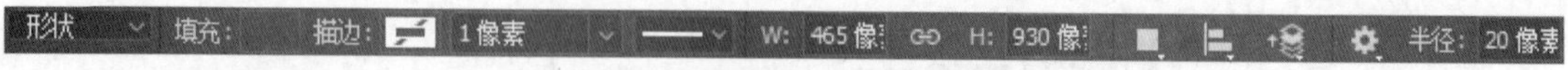

形状
填充：
描边：
1像素
W: 465像
H: 930像
半径：20像素

图 11-5 “圆角矩形”工具属性栏设置

（5）单击确定按钮，生成图层“圆角矩形 2”。

（6）选择“移动”工具，按 Ctrl 键，同时选择图层“圆角矩形 1”和“圆角矩形 2”，在属性栏中分别单击按钮和按钮，对齐后的效果如图 11-7 所示。

创建矩形
宽度：465 像素
高度：930 像素
从中心
确定
取消

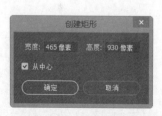

图 11-6 “创建矩形”对话框

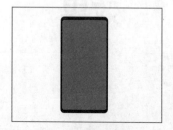

图 11-7 对齐后的效果

（7）按 Ctrl+T 组合键，为“圆角矩形 1”和“圆角矩形 2”中的图形添加自由变换框，按住 Ctrl 键，将其调整至图 11-8 所示的效果。

（8）按 Enter 键确认图形的变换操作，新建“图层 1”并将其移动至“圆角矩形 2”上方，按住 Ctrl 键单击“圆角矩形 1”的图层缩览图添加选区。选择“多边形套索”工具，按住 Alt 键减掉上方的选区，创建图 11-9 所示的选区。

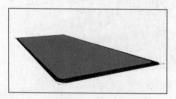

图 11-8 调整后的效果

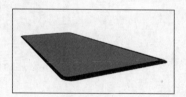

图 11-9 创建的选区

（9）执行“选择”/“修改”/“羽化”命令，在弹出的“羽化选区”对话框中将“羽化半径”设置为 5 像素，如图 11-10 所示。

（10）单击确定按钮，为羽化区域填充白色，将图层“不透明度”设置为 30%，按 Ctrl+D 组合键，取消选择选区，效果如图 11-11 所示。

羽化选区
羽化半径(R): 5
像素
确定
应用画布边界的效果
取消

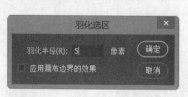

图 11-10 “羽化选区”对话框设置

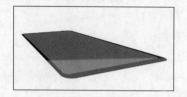

图 11-11 填充调整后的效果

（11）将“圆角矩形 1”设置为当前图层，执行“图层”/“图层样式”/“斜面和浮雕”命令，在弹出的“图层样式”对话框中设置参数，如图 11-12 所示。

（12）单击确定按钮，为图形添加斜面浮雕效果，如图 11-13 所示。

（13）复制“圆角矩形 1”为“圆角矩形 1 拷贝”，并将复制的图层调整至“圆角矩形 1”的下方。

（14）设置“圆角矩形 1”为当前图层，单击鼠标右键，在弹出的快捷菜单中执行“栅格化图层样式”命令。

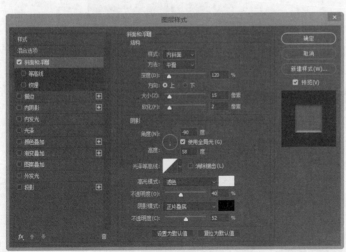

图 11-12 "图层样式"对话框设置

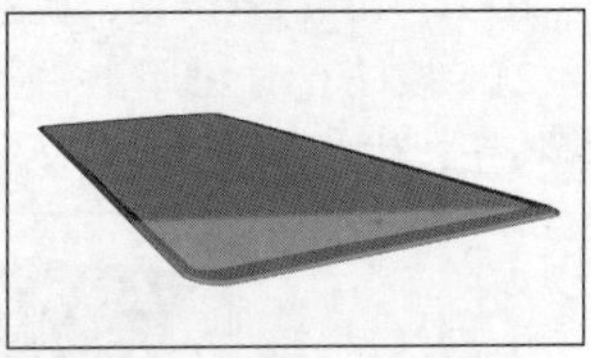

图 11-13 添加斜面浮雕效果

（15）设置"圆角矩形 1 拷贝"为当前图层，用鼠标右键单击右侧的 fx 图标，在弹出的快捷菜单中执行"清除图层样式"命令。选择"直接选择"工具 ，调整路径锚点至图 11-14 所示的效果。

（16）确认"圆角矩形 1 拷贝"为当前图层，单击鼠标右键，在弹出的快捷菜单中执行"栅格化图层"命令，按住 Ctrl 键单击"圆角矩形 1"左侧的图层缩览图添加选区，按 Delete 键将其删除，按 Ctrl+D 组合键，取消选择选区。

（17）执行"图层"/"图层样式"/"斜面和浮雕"命令，在弹出的"图层样式"对话框中设置参数，如图 11-15 所示。

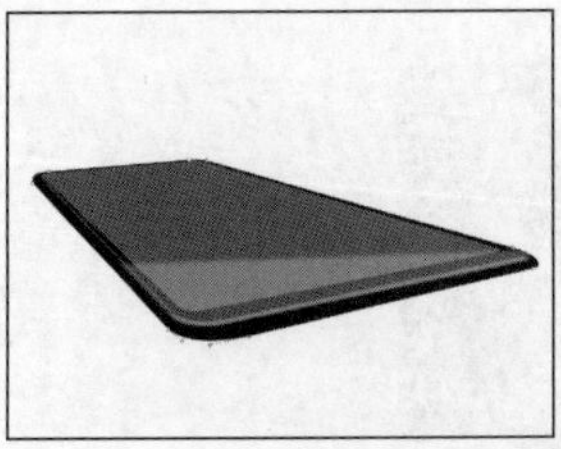

图 11-14 调整路径锚点效果

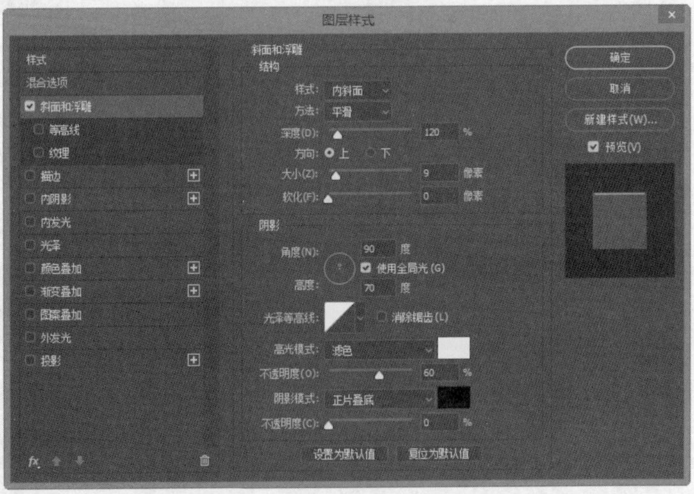

图 11-15 "图层样式"对话框设置

（18）单击 确定 按钮，为图形添加斜面浮雕效果，如图 11-16 所示，单击鼠标右键，在弹出的快捷菜单中执行"栅格化图层样式"命令。

（19）按住 Ctrl 键单击"圆角矩形 1 拷贝"左侧的图层缩览图添加选区，单击"图层"面板下方的 按钮，在弹出的下拉列表中选择"渐变"选项，在弹出的"渐变填充"对话框中设置参数，如图 11-17 所示。

图 11-16　添加斜面浮雕效果

图 11-17　"渐变填充"对话框设置

（20）单击 确定 按钮，调整后的效果如图 11-18 所示。

（21）按住 Ctrl 键单击"圆角矩形 1 拷贝"左侧的图层缩览图添加选区，单击"路径"面板下方的 按钮，生成工作路径，效果如图 11-19 所示。

图 11-18　调整后的渐变效果

图 11-19　从选区生成工作路径

（22）选择"直接选择"工具 ，调整路径锚点至图 11-20 所示的效果。

（23）单击"路径"面板下方的 按钮，将路径作为选区载入，并在"路径"面板空白处单击，如图 11-21 所示。

图 11-20　调整后的路径效果

图 11-21　路径作为选区载入后效果

（24）新建"图层 2"，并将其移至"圆角矩形 1 拷贝"图层下方，将前景色设置为浅红色（R:245,G:188,B:206），背景色设置为深红色（R:210,G:76,B:117）。选择"渐变"工具 ，填充线性渐变色，效果如图 11-22 所示。

（25）执行"滤镜"/"杂色"/"添加杂色"命令，在弹出的"添加杂色"对话框中设置参数，如图 11-23 所示。

图 11-22　填充线性渐变色

图 11-23　"添加杂色"对话框设置

（26）单击 确定 按钮，添加杂色后的效果如图 11-24 所示。

（27）执行"滤镜"/"模糊"/"模糊"命令，按 Alt+Ctrl+F 组合键再执行一次，效果如图 11-25 所示。

图 11-24　添加杂色后的效果

图 11-25　模糊后的效果

（28）选择"加深"工具，设置一个稍大的柔边笔刷，并将"曝光度"设置为 50%，按住鼠标左键并拖曳加深手机壳的暗部颜色。选择"减淡"工具，并将"曝光度"设置为 50%，按住鼠标左键并拖曳提亮手机壳的亮部。

（29）按住 Ctrl 键单击"圆角矩形 1 拷贝"左侧的图层缩览图添加选区，设置"图层 2"为当前图层，按 Delete 键删除，按 Ctrl+D 组合键，取消选择选区，效果如图 11-26 所示。

（30）执行"图层"/"图层样式"/"斜面和浮雕"命令，在弹出的"图层样式"对话框中设置参数，如图 11-27 所示。

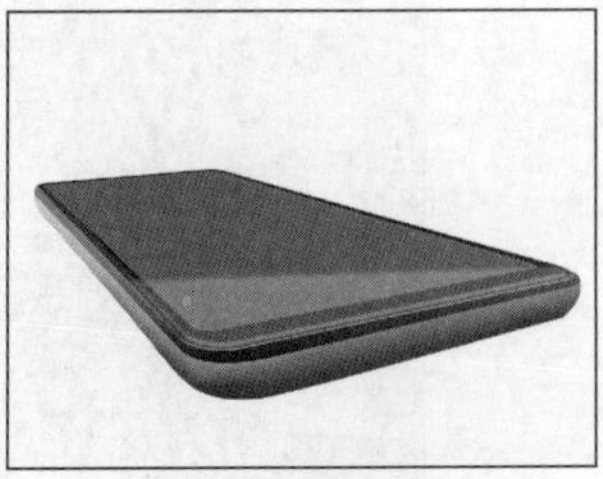

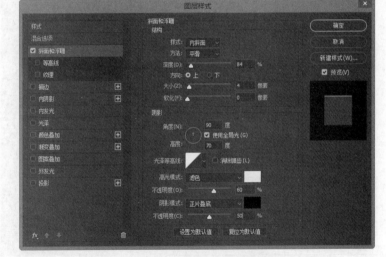

图 11-26　调整颜色后的效果

图 11-27　"图层样式"对话框设置

（31）单击 确定 按钮，添加图层样式后的效果如图 11-28 所示。在当前图层中单击鼠标右键，在弹出的快捷菜单中执行"栅格化图层样式"命令。

（32）新建"图层 3"，选择"椭圆"工具，在属性栏中的 像素 下拉列表中选择"像素"选项，将前景色设置为黑色，按 Shift 键绘制一个圆形，如图 11-29 所示。

图 11-28　添加图层样式后的效果

图 11-29　绘制圆形

（33）复制"图层 3"为"图层 3 拷贝"，将"图层 3"设置为当前图层，按住 Ctrl 键单击"图层 3"左侧的图层缩览图添加选区，将背景色设置为暗红色（R:138,G:73,B:90），填充选区，然后按 Ctrl+D 组合键，取消选择选区。

（34）按 Ctrl+T 组合键，将圆形调整得稍大一些，按 Enter 键确认图形的变换操作，效果如图 11-30 所示。

图 11-30　将圆形调大一些

（35）按 Ctrl 键同时选择"图层 3"和"图层 3 拷贝"，按 Ctrl+T 组合键，为"图层 1"中的圆形添加自由变换框，将其调整至图 11-31 所示的形状。

（36）按 Enter 键确认图形的变换操作，按 Ctrl+E 组合键合并图层为"图层 3 拷贝"。

（37）用与步骤（32）～步骤（36）相同的方法依次绘制并调整出图 11-32 所示的圆角矩形。

（38）选择所有绘制孔洞的图层，按 Ctrl+E 组合键合并图层，将其重命名为"孔洞"，如图 11-33 所示。

图 11-31　调整圆形的形状

（39）新建图层并重命名为"地板"，并隐藏其他图层，如图 11-34 所示。

图 11-32　绘制的圆角矩形

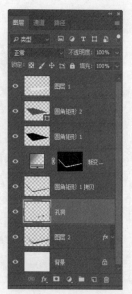

图 11-33　合并图层

图 11-34　隐藏图层

（40）将前景色设置为浅棕色（R:204,G:125,B:22），背景色设置为深棕色（R:66,G:38,B:1），执行"滤镜"/"渲染"/"纤维"命令，在弹出的"纤维"对话框中设置参数，单击 随机化 按钮添加随机效果，如图 11-35 所示。

（41）单击 确定 按钮，添加纤维后的效果如图 11-36 所示。

（42）选择"矩形选框"工具 ，在画面中绘制出图 11-37 所示的矩形选区。

（43）执行"滤镜"/"扭曲"/"旋转扭曲"命令，在弹出的"旋转扭曲"对话框中设置参数，如图 11-38 所示。

（44）单击 确定 按钮，旋转扭曲后的效果如图 11-39 所示。

（45）移动选区至需要设置木纹效果的位置，重复步骤（42）～步骤（44），按 Ctrl+D 组合键，取消选择选区，效果如图 11-40 所示。

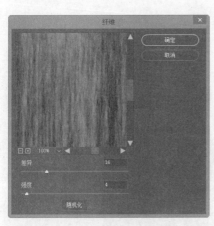

图 11-35 "纤维"对话框设置

图 11-36 添加纤维效果

图 11-37 绘制矩形选区

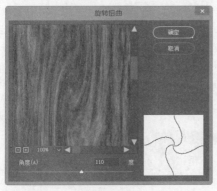

图 11-38 "旋转扭曲"对话框设置

图 11-39 旋转扭曲效果

图 11-40 调整后的效果

（46）执行"滤镜"/"滤镜库"命令，在弹出的"滤镜库"对话框中选择"艺术效果"中的"塑料包装"选项，并设置参数，如图 11-41 所示。

（47）单击 确定 按钮，添加塑料包装后的效果如图 11-42 所示。

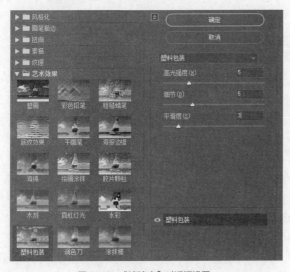

图 11-41 "滤镜库"对话框设置

图 11-42 添加的塑料包装效果

（48）单击"图层"面板下方的 按钮，在弹出的下拉列表中选择"色相/饱和度"选项，在弹出的"调整"面板中调整色相，如图 11-43 所示，调整后的效果如图 11-44 所示。

图 11-43 "塑料包装"对话框设置

图 11-44 调整后的效果

（49）按 Ctrl+E 组合键合并图层，单击"圆角矩形 2"前的 👁 图标，按 Ctrl+T 组合键为地板添加自由变换框，并将其调整至图 11-45 所示的形状，按 Enter 键确认图形的变换操作。

（50）按住 Ctrl 键单击"圆角矩形 2"左侧的图层缩览图添加选区，执行"选择"/"反选"命令，按 Delete 键将其删除，然后按 Ctrl+D 组合键，取消选择选区，效果如图 11-46 所示。

图 11-45 调整后的形状

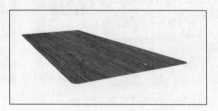

图 11-46 删除并取消选择选区后的效果

（51）按住 Ctrl 键单击"地板"左侧的图层缩览图添加选区，单击"图层"面板下方的 按钮，在弹出的下拉列表中选择"渐变"选项，在弹出的"渐变填充"对话框中调整色相，如图 11-47 所示，调整后的效果如图 11-48 所示。

图 11-47 "渐变填充"对话框设置

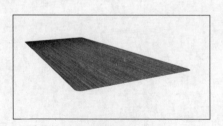

图 11-48 调整后的效果

（52）将"图层 1"移动至"渐变"图层上方，隐藏所有图层。

（53）新建图层并重命名为"花瓣"，选择"钢笔"工具 ，绘制出图 11-49 所示的形状。

（54）单击"路径"面板下方的 按钮，将路径作为选区载入，设置前景色为白色，背景色为洋红色（R:253,G:6,B:157），选择"渐变"工具 ，为选区填充径向渐变色，效果如图 11-50 所示。

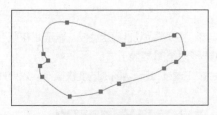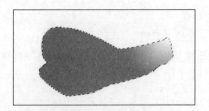

图 11-49 绘制花瓣的路径形状　　　图 11-50 填充径向渐变色效果

（55）选择"加深"工具 和"减淡"工具 ，设置合适大小的柔边笔刷，并将"曝光度"设置为 50%，按住鼠标左键并拖曳，调整花瓣的局部细节，按 Ctrl+D 组合键，取消选择选区，效果如图 11-51 所示。

（56）执行"图层"/"图层样式"/"投影"命令，在弹出的"图层样式"对话框中设置参数，如图 11-52 所示。

图 11-51 调整细节后的效果　　　图 11-52 "图层样式"对话框设置

（57）显示所有图层，按 Ctrl+T 组合键，将花瓣调整至合适大小，按 Enter 键确认图形的变换操作，效果如图 11-53 所示。

（58）新建图层并重命名为"底图"，选择"渐变"工具 ，设置前景色为黄色（R:255,G:245,B:0），背景色为深绿色（R:10,G:122,B:1），为底图填充径向渐变色，并将其移动至"图层 2"下方，效果如图 11-54 所示。

图 11-53 调整后的效果　　　图 11-54 为底图填充径向渐变色

（59）按 Shift+Ctrl+S 组合键，将文件另存为"手机.psd"。

（60）打开素材文件中的"图库/项目十/花茶.psd"文件，按 Ctrl+J 组合键，将"花茶"图层复制生成"花茶 拷贝"，隐藏"花茶"图层。

（61）执行"图像"/"调整"/"去色"命令，按 Ctrl+Alt+2 组合键，绘制出茶杯的高光，如

图 11-55 所示。

（62）单击"图层"面板下方的█按钮，为"花茶 拷贝"添加图层蒙版，显示"花茶"图层，同时选择两个图层并将其移动到"手机.psd"文件中，移动至图层最上方。

（63）按 Ctrl+T 组合键，将其调整至合适大小，按 Enter 键确认图形的变换操作，效果如图 11-56 所示。

图 11-55　绘制茶杯的高光

图 11-56　调整茶杯大小

（64）设置"花茶"为当前图层，单击"图层"面板下方的█按钮，选择"画笔"工具▟，设置合适大小的柔边笔刷在杯子上喷绘黑色，调低接近地板位置的不透明度，效果如图 11-57 所示。

（65）新建图层并重命名为"阴影"，将其移动至"花茶"下方。选择"椭圆选框"工具◯，绘制出椭圆选区，并为其填充黑色，效果如图 11-58 所示。

图 11-57　调整茶杯效果

图 11-58　填充阴影效果

（66）执行"滤镜"/"模糊"/"高斯模糊"命令，在弹出的"高斯模糊"对话框中设置"半径"为 18 像素，设置图层"不透明度"为 50%。

（67）按 Ctrl+T 组合键，将阴影调整至合适大小，按 Enter 键确认图形的变换操作，效果如图 11-59 所示。

（68）复制"花瓣"为"花瓣 拷贝""花瓣 拷贝 2""花瓣 拷贝 3""花瓣 拷贝 4"，分别按 Ctrl+T 组合键，为其添加自由变换框，并将其调整至合适大小，按 Enter 键确认图形的变换操作。分别将其移动至"花茶"下方和"花茶 拷贝"上方，最终效果如图 11-60 所示，至此完成休闲生活效果的制作。

图 11-59　调整阴影效果

图 11-60　最终效果

（69）按 Shift+Ctrl+S 组合键，将文件命名为"休闲生活.psd"并保存。